GREENBELT

그린벨트

권용우

박영사

머리말

　18세기 이후 산업혁명과 시민혁명은 도시 시대를 활짝 열어젖혔다. 도시로 사람들이 모여들어 왕성한 도시 활동이 펼쳐졌다. 도시의 역동적 삶의 공간은 역량있는 도시전문가들에 의해 눈부신 도시문화로 승화됐다.

　그러나 오늘날에 이르러 도시 상황이 많이 달라졌다. 국민들의 대다수가 도시에서 사는 국가 도시 시대가 열린 것이다. 종래처럼 전문가의 능력만으로 해결하기에는 도시문제가 너무 많고 복잡하게 되었다. 시대의 흐름은 도시에 사는 모든 사람이 주인이 되어 전문가와 함께 도시의 모든 문제를 함께 풀어 나가도록 요구하고 있다. 특히 20세기 이후 나타난 도시환경문제는 총체적 해결을 촉구한다. 도시민 전체뿐만 아니라 국가와 전 세계적 차원에서 도시 관리와 환경을 다루지 않으면 안되는 시대가 도래한 것이다.

　1972년 스웨덴의 인간환경회의, 1992년 브라질 리우의 환경 및 개발에 관한 국제회의, 2002년 요하네스버그의 지속가능발전 세계회의, 2009년 코펜하겐 협정, 2015년 파리 협정 등의 국제회의가 열렸다. 전 세계적으로 '모든 도시 관리에서 지속가능하고 친환경적인 논리를 적용해야 한다.'는 친환경 도시정책이 선언되었다.

　친환경 도시정책은 어떠해야 하나? 최우선적으로 정책 집행자와 수혜자가 쌍방향 소통할 때 효과가 극대화된다. 소통은 행복의 질을 높이는 친환경 도시정책 방향을 효율적으로 세우게 한다. 시대의 흐름에 유연하게 대처하고, 수많은 문제를 다양하게 검토하며, 때에 맞춰 적절한 정책을 구사하면 된다. 도시와 환경이 함께 공존하기 위해서는 지속가능하고, 친환경적이며, 보통시민의 삶의 질을 추구할 뿐만 아니라, 형평성을 담보하는 도시 관리를 추구할 때 실효성이 구현된다.

도시환경정책의 꽃은 무엇일까? 그린벨트다. 그린벨트가 존치되어 있는 국가는 선진국이다. 영국은 1898년 도시환경 운동가 에베네저 하워드부터 친환경 도시 관리에 눈을 떴다. 100년의 세월이 흐른 오늘날 영국은 국토면적의 12.6%가 그린벨트다. 그린벨트 최선진국이다. 대한민국은 1971년부터 그린벨트를 설치했다. 대한민국은 세계적으로 상당히 앞선 그린벨트 선진국이다. 1971년 설정 당시 그린벨트는 국토 면적의 5.4%였다. 도시면적이 국토면적의 5% 전후였던 시대에 비추어 볼 때 대단한 환경 철학을 담보한 정책이었다. 오늘날 그린벨트는 국토면적의 3.9%가 존속해 있다. 특히 서울, 부산, 대구, 대전, 광주, 울산, 마산 · 창원 · 진해 등 대도시권 주변에 녹지대 그린벨트가 둘러쳐져 있다.

필자는 그린벨트를 이해하고 논의할 수 있는 기회를 가져왔다. 1971년 박정희 대통령의 명을 받아 그린벨트 지정 작업을 하던 공직자가 한 학기 동안 서울대에 와서 특강을 했다. 그 당시 대학생 신분으로 그린벨트 설정에 관한 여러 일화와 초기 그린벨트 정책에 관한 상세한 내용을 들었다. 1987-2021년의 34년간 세계 60여개국 수백개 도시를 답사하면서 그린벨트 논리와 정책의 현실적 운용을 경험했다. 1997년 김대중 후보는 그린벨트 조정을 대선공약으로 내걸어 대통령에 당선됐다. 그 당시 경제정의실천시민연합 도시개혁센터 대표 자격으로 대통령 후보자 토론에 참여해 김대중 후보와 그린벨트를 토론했다. 그 후 그린벨트 조정 과정에서 「그린벨트 살리기 국민행동」 정책위원장으로 '합리적 조정론'을 주장했다. 1998년 이후 14년간 국토교통부 중앙도시계획위원회 위원과 부위원장으로 그린벨트 관리 정책에 직접 참여했다.

1998년 이후 대한민국 그린벨트는 큰 변화를 겪었다. 1998년 12월 24일 헌법재판소는 그린벨트 판결을 내렸다. 같은 날 정부와 시민환경단체 대표는 「그린벨트 회담」을 진행했다. 1999년 7월 22일 『그린벨트 선언』으로 불릴 수 있는 「개발제한구역제도개선방안」이 발표됐다. 동 발표에 근거하여 대한민국 그린벨트는 조정됐다. 제주 등 7개 중·소 도시권은 전면 해제됐다. 수도권, 부산권, 대구권, 대전권, 광주권, 울산권, 마산·창원·진해권 등 7개 대도시권은 부분 조정됐다. 7개 대도시권 가운데 환경평가 1·2등급지역은 묶고, 4·5등급지역은 풀었으며, 3등급지역은 광역도시계획에 의해 묶거나 풀 수 있도록 했다.

대한민국 그린벨트는 지정 당시 「도시계획법」 21조의 단서조항에 의거해 개발제한구역 명칭으로 관리되어 왔었다. 오늘날에 이르러 그린벨트는 2001년 1월 28일에 제정 발효된 「개발제한구역의 지정 및 관리에 관한 특별조치법」을 비롯한 여러 관련 법률에 의해 엄정하게 관리되고 있다. 개발제한구역에 관한 내용은 국토교통부 중앙도시계획위원회에서 심의한다.

여기에서 특히 강조되어야 할 내용은 그린벨트 조정 이후 관리 철칙으로 지켜온 「환경평가 1·2등급지의 보전 원칙」이다. 1999년 7월 정부가 그린벨트의 조정을 발표한 이후 「환경평가 1·2등급지의 보전 원칙」에 관한 특별한 조치 없이, 환경평가 1·2등급 지역은 보전지역으로 잘 유지 관리되고 있다. 이는 「환경평가 1·2등급지의 보전 원칙」이 범정부적으로 변함없이 지켜지고 있음을 보여주는 결과다. 나아가 「환경평가 1·2등급지의 보전 원칙」은 국민적 공감대를 얻으며 잘 준수되어 왔다. 이는 '대한민국 국민들의 환경에 대한 철학이 매우 긍정적이고 확고하다.'라고 평가되는 측면이다.

그러나 2024년에 이르러 일각에서 신산업을 내세우며 「그린벨트 1·2등급에 대한 조정」 여부를 거론하고 있다. 그린벨트 1·2등급의 조정이 이뤄지면 대한민국의 그린벨트는 사실상 무너지는 결과로 이어질 수 있다. 일본이 1958년 그린벨트를 도입했다. 그러나 1968년에 이르러 이해당사자·정치권·배금주의자 등에 의해 그린벨트가 와해됐다. 오늘날 일본은 경제상위국 가운데 유일하게 그린벨트 운용에 성공하지 못한 국가로 분류된다. 필자는 세계도시 답사와 실증적 분석을 통해 대한민국이 세계 3위의 산업강국임을 확인했다. 그린벨트가 있는 나라는 단연코 환경적 선진국이라 할 수 있다. 그린벨트 1·2등급의 조정 논의는 스스로 대한민국의 환경 선진국 지위를 허물어 버릴 수 있는 위험한 시도일 수 있다. 신중을 기해야 한다. 국토면적의 3.9%로 남아있는 「그린벨트 1·2등급지」는 대한민국 환경을 지키는 최후의 보루(堡壘)다.

본서는 그린벨트에 관해 그동안 연구해 왔던 내용이 정리되어 있다. 제1장 그린벨트의 함의에서는 그린벨트의 개념, 그린벨트 전개과정, 에베네저 하워드와 전원도시를 다뤘다. 제2장 세계의 그린벨트에서는 영국, 유럽, 아메리카, 대한민국, 아시아의 그린벨트를 분석했다. 제3장 대한민국의 그린벨트에서는 대한민국 그린벨트의 전개과정, 그린벨트 정책의 변화과정, 그린벨트 정책의 변화 내용을 고찰했다. 제4장 수도권의 그린벨트에서는 수도권 그린벨트의 전개과정, 수도권 교외화와 그린벨트와의 관계를 분석했다. 제5장 그린벨트 해제와 환경평가에서는 그린벨트 해제과정, 환경평가와「그린벨트 선언」, 전면해제와 부분조정의 내용을 분석했다. 제6장 환경평가 1·2 등급지역에서는 광역도시계획, 그린벨트 조정가능지역을 설명하고, 해제 조정과 환경평가 1·2등급지역의 지정, 환경평가 1·2등급지역의 운용 사례와 원칙을 고찰했다. 제7장 그린벨트 관련 논리에서는 그린벨트 관련주체들의 입장을 설명하면서, 보전론과 해제론, 그리고 조정론의 내용을 정리했다. 제8장 친환경적인 도시관리에서는 환경과 도시 관리의 관계 변화, 환경개선을 위한 전 지구적 움직임, 대한민국의 도시 관리와 환경개선 노력, 환경과 함께 하는 도시 관리를 다루었다.

서울연구원 선임연구위원을 역임하신 김선웅 박사님과 국토연구원 연구위원이신 김중은 박사님께서 최근의 그린벨트 관련 연구 결과를 공유해 주셨다. 정중하게 고마운 말씀을 드린다.

사랑과 헌신으로 내조하면서 원고를 리뷰하고 교정해 준 아내 이화여자대학교 홍기숙 명예교수님께 충심으로 감사의 말씀을 드린다. 특히 본서의 출간을 맡아주신 박영사 안종만 회장님과 안상준 대표님, 그리고 정교하게 편집과 교열을 진행해 준 배근하 차장님께 깊이 감사드린다.

2024.5.

권용우

차 례

제7장 그린벨트 관련 논리 • 209

그림 차례

표 차례

제 1 장

그린벨트의 함의

제1절
그린벨트 개념

그린벨트(greenbelt)는 도시주변지역의 개발을 제한하기 위해 설치된 공지와 저밀도의 토지이용지대를 말한다. 그린벨트는 도시주변을 녹지대의 띠 모양으로 둘러싼다. 그린벨트를 설치하는 목적은 여섯 가지로 정리할 수 있다. ① 도시로의 인구집중을 억제해 도시과대화를 방지한다. ② 녹지대를 형성하고, 자연환경을 조성·보전한다. ③ 상수도 수원을 보호하고, 비옥한 농경지를 영구 보전한다. ④ 오픈 스페이스(open space)를 확보해 공해문제가 심화되는 것을 방지한다. ⑤ 위성도시의 무분별한 개발을 방지한다. ⑥ 안보상의 저해요인을 제거해 중요시설물을 보호한다.

대한민국에서는 그린벨트를 개발제한구역(development restriction area)이란 용어로 규정해 사용한다. 이에 본서에서는 그린벨트와 개발제한구역을 동일한 개념으로 규정하여 활용하기로 한다.

그린벨트는 도시민에게 긍정적인 측면을 가져다 준다. ① 도시 주변에서 걷기, 캠핑, 자전거 타기 등을 할 수 있다. ② 야생 식물과 야생 동물의 연속적인 서식지 네트워크를 만들어 준다. ③ 중심도시와 주변지역에 깨끗한 공기와 물을 제공한다. ④ 그린벨트로 된 국경 지역의 토지 이용을 친환경적으로 관리할 수 있다. 반면 부정적인 측면도 거론된다. ① 그린벨트 설치로 지가가 하락해 경제적 불이익을 받을 수 있다. ② 그린벨트 내 주거지는 도시 하부구조가 들어서지 못해 생활 불편이 야기된다. ③ 그린벨트를 뛰어 넘어 비지적(leapfrogging)으로 도시가 팽창해 중심도시와의 연계성이 저하된다. ④ 늘어나는 인구에 조응해 주택을 건설해야 할 때 택지 부족이 야기될 수 있다.

제2절
그린벨트 전개과정

　7세기 사우디 아라비아의 무함마드는 메디나 주변에 녹지대를 설치했다. 그는 도시 주변 12마일까지 나무를 제거하지 못하도록 금지했다. 1580년 이후 수년간 영국의 엘리자베스 1세는 전염병 확산을 막으려고 런던 주변 3마일까지 신축 건물을 짓지 못하도록 했다.

　18세기 산업혁명으로 도시화가 빠르게 진행되는 유럽에서 녹지대의 필요성이 제기됐다. 오스트리아의 수도 빈(Wien), 독일의 라이프찌히(Leipzig)와 뤼벡(Lübeck), 덴마크의 코펜하겐(Kopenhagen) 등의 도시에서 그린벨트와 유사한 녹지대를 설정한 사례가 있다. 이들 도시는 역사적 유적을 보전하고, 시민들에게 녹지와 여가공간을 제공하려 했다. 도시 내 성곽을 따라 신·구 시가지를 갈라놓는 환상형 녹지대를 설정했다. 유적도 보전하고 여가공간도 마련했다. 1900년 이전 오스트리아 빈의 성벽 링슈트라세(Ringstraße)를 보호하려는 보호 구역을 설정한 바 있다.

1875년 영국의 사회개혁가 옥타비아 힐(Octavia Hill)은 런던 주변의 농촌 보호와 도시의 확장을 방지하기 위해「그린(green) 벨트(belt)」라는 용어를 처음으로 사용했다. 1898년 도시개혁가 에베네저 하워드는 전원도시 패러다임으로 녹지대 설치를 제안했다. 1901년 영국의 페플러는 런던 주변에「녹지의 띠(A Belt of Green)」를 설치하자고 했다. 1919년 런던 소사이어티는「광역런던 개발 계획」을 제안했다. 새로운 개발로 도시 확장이 되지 못하도록 최대 2마일 너비의 연속 벨트 설치를 위한 로비를 했다. 1923년 버밍햄 주변에 녹지를 보전하려는 도시계획이 수립됐다. 1929년 언윈은 런던 주변에「그린거들(Green Girdle)」을 설정하자고 주장했다. 1930년대에 이르러 런던 주변지역에 녹지를 확보하려는 움직임이 본격화됐다. 1938년 그린벨트법(Green Belt Act)이 제정됐다. 지방 당국이 토지를 구입해 그린벨트를 유지할 수 있게 했다. 그린벨트법에 따라 취득한 토지는 국무장관의 허가를 받지 못하면 판매할 수 없도록 했다.

1944년 런던대 교수 패트릭 아버크롬비(1879-1957)는「대 런던계획(Greater London Plan)」을 발표했다. 그는 인구 증가, 주택, 고용 및 산업, 휴양, 수송 등의 문제를 해결하기 위한 계획을 수립했다. 런던의 무질서한 외연 확산을 막고, 주변 농촌지역을 환경적으로 보전하려는 구상이었다. 런던 중심으로부터 중심시가지, 교외지역, 그린벨트, 외곽농촌 등의 4개 환상대를 계획했다. 그린벨트는 10-16km로 설정했다. 시간이 흐르면서 런던 주변지역에는 가든시티, 위성도시가 들어섰다. 런던 주변지역의 그린벨트 설정은 영국 정부가 그린벨트 제도를 전국적으로 확대시킬 수 있는 계기를 만들었다.그림 1.1

그림 1.1 영국의 아버크롬비와 대런던계획

출처: 위키피디아, 권용우.

영국에는 14개 그린벨트 지역이 있다. 그린벨트 면적은 잉글랜드의
12.4%인 16,716㎢와 스코틀랜드의 164㎢다. 캐나다 온타리오주에는 오
타와 그린벨트와 골든 호스슈 그린벨트가 있다. 미국에서는 일반적으로 녹
지 공간(green space, greenspace)이라 부른다. 공원과 같은 아주 작은 면적인 경
우도 있다. 호주의 애들레이드 파크 랜드는 애들레이드 도심을 둘러싸고
있다. 천연 녹지대는 애들레이드의 성장 경계 역할을 한다. 도시를 시원하
게 해준다.

오늘날 그린벨트는 도시관리 정책에 포괄적으로 활용되고 있다. 그린벨트는 도시와 도시주변을 둘러싼 단순한 「녹색 공간」 개념에서 도시와 도시주변의 지속 가능한 「녹색 구조 공간」 패러다임으로 발전하고 있다. 유럽위원회의는 15개 유럽 국가가 참여하는 「녹색 구조 계획 사례 연구」를 수행하고 있다. 1994년 스웨덴은 스톡홀름과 북쪽 솔나에 인접한 일련의 공원을 왕립 국립 도시 공원(Royal National City Park)이라는 「국가 도시 공원」으로 선언했다.

제3절

에베네저 하워드와 전원도시

그린벨트의 뿌리는 에베네저 하워드(Ebenezer Howard, 1850-1928)의 전원도시(Garden City) 패러다임에서 비롯됐다. 하워드는 영국의 도시개혁 운동가다. 영국 런던에서 태어났다. 속기사와 사무직 일에 종사했다. 1871년 미국 네브라스카로 이주해 잠시 농사를 지었다. 그 후 시카고로 옮겨 법원과 신문사 기자로 일했다. 그는 1871년 시카고 대화재로 중심업무지구가 파괴되어 도시 재생과 교외지역 성장이 진행되는 것을 목격했다. 하워드는 「진정한 삶의 질이란 무엇인가」를 숙고하기 시작했다. 시인 휘트먼과 에머슨에 심취했다. 1876년 영국으로 다시 돌아왔다. 의회 공식 기록원으로 일했다. 의회 내에서 논의되는 사회 개혁에 대한 다양한 아이디어를 접했다. 전원도시에 대한 영감이 싹텄다. 1800년대 영국은 자유사상과 사회개혁의 혁신적인 사상이 만개했다. 하워드는 이런 사회적 패러다임에 큰 영향을 받았다. 하워드는 '사람들은 어디에서 살 것인가?'라는 문제의식을 품었다. 그는 현대 도시의 발전 방식을 선호하지 않았다. 오히려 「사람들은 도시와 시

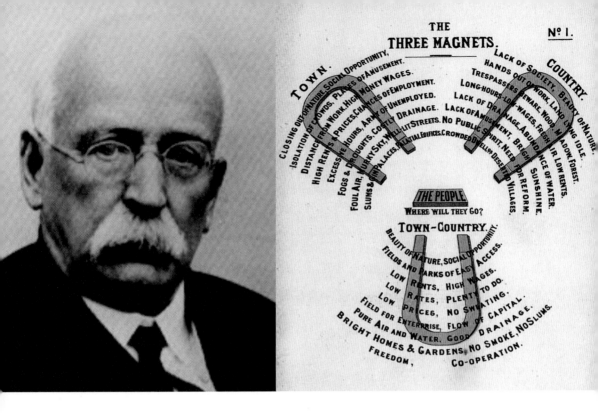

그림 1.2 영국의 에베네저 하워드와 세 개의 말발굽 자석

출처: 위키피디아.

골의 장점이 함께 나타나는 곳에 살아야 한다」고 생각했다. 하워드는 도시, 농촌, 도시-농촌지역을 3개의 말발굽 자석에 비유해 구상했다. 3개 자석의 이해득실을 따져서 도시와 농촌의 이점을 취하자는 논리다. 그는 '도시자석(Town magnet)과 농촌자석(Country magnet)은 장점과 단점을 동시에 가지고 있다. 도시-농촌자석(Town-Country magnet)은 두 개 자석이 갖는 단점을 보완한다.'고 보았다.[1] 하워드는 이러한 패러다임에 맞는 도시가 전원도시라고 생

1　https://en.wikipedia.org/wiki/Ebenezer_Howard/Letchworth/Welwyn
　　https://en.wikipedia.org/wiki/Garden_city_movement

각했다. 그는 전원도시 주변지역에 폭 3km 이상의 녹지를 두자고 했다. 녹지는 도시성장을 억제하고, 농경지를 보전하는 용도였다. 그린벨트 개념의 모체로 평가되는 패러다임이다. 전원도시는 인간과 자연이 조화롭게 공존하자는 유토피아 도시 구상이다.**그림 1.2**

하워드는 1898년 저서 『내일: 진정한 개혁에 이르는 평화로운 길*(To-Morrow: A Peaceful Path to Real Reform)*』을 출판했다. 1902년 제목을 바꿔 『내일의 전원도시*(Garden Cities of To-Morrow)*』를 출간했다. 그는 저서를 통해 전원도시에 관한 논리와 전원도시 구축을 위한 구체적인 청사진을 제시했다. 『내일의 전원도시』는 도시와 사회 개혁에 대한 다이어그램과 디자인 이론서가 됐다.[2] **그림 1.3**

하워드는 토지 공유의 조지주의(Georgism)를 중시했다. 조지주의는 미국 정치경제학자 헨리 조지(1839-1897)의 경제학설이다. 헨리 조지는 모든 사람은 토지에 대한 권리를 평등하게 가지고 있다고 전제했다. 토지 공개념의 뿌리다. 토지의 사유와 국유를 배제하고 토지 공유를 주장했다. 토지는 공공성을 지닌 전 인류의 소유라고 제안했다.[3]

하워드는 먼지, 과밀화, 저임금, 전염병, 유독물질, 탄소가스, 도시빈곤, 배수구가 없는 더러운 골목길, 통풍이 잘 안되는 가옥, 이웃간 상호작용이

---

2 Howard, E., 1898, *To-Morrow: A Peaceful Path to Real Reform*.
   Howard, E., 1902, *Garden Cities of To-Morrow*.
   Howard, E., 1965, *Garden Cities of To-Morrow*, The M.I.T. Press.
   Miller, M., 1989, *Letchworth*, Phillimore.
   권용우, 변병설, 이재준, 박지희, 2013, 그린벨트: 개발제한구역 연구, 박영사.
   조재성, 권원용 역, 2006, 내일의 전원도시, 한울.

3 https://en.wikipedia.org/wiki/Georgism/Henry_George

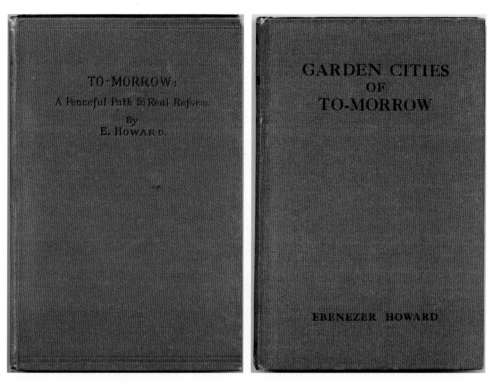

그림 1.3 『*TO-MORROW: A Peaceful Path for Real Reform*』 (1898)과 『*GARDEN CITIES OF TO-MORROW*』 (1902)

출처: 위키피디아.

부족한 도시 정서 등 당시 산업도시의 폐해를 걱정했다. 그는 자연과 함께 하는 도시를 제시하고자 했다. 도시는 기회, 즐거움, 좋은 임금을 주고, 국가는 아름다움, 신선한 공기, 낮은 임대료의 혜택을 누리게 하는 비전을 꿈꿨다. 계획되고 영구적인 농경지로 둘러싸인 전원도시 네트워크로 사회를 재편하자고 제안했다. 하워드는 '전원도시는 도시와 자연의 완벽한 조화다. 도시와 시골이 결합하면 새로운 문명이 발견될 수 있다. 도시는 대체로 독립적이고, 경제적 이해관계가 있는 시민들이 관리한다. 전원도시 건설비는 조지주의(Georgism) 모델의 토지 임대료로 조달할 수 있다. 그들이 건설할 땅은 수탁자 그룹이 소유하고 시민들에게 임대하면 된다.'고 주장했다.

하워드의 전원도시는 이론적 모델이다. 전원도시는 중심부에 건설한다. 전체토지의 1/6인 1,000에이커를 차지한다. 형태는 원형이다. 중심부에서 경계부까지의 거리는 1,240야드다. 전원도시는 각각 120피트(37m)의 폭을 가진 6개의 방사형 도로가 있다. 도로는 도시중심부에서 경계부까지 도시를 가로지른다. 이에 따라 도로는 도시를 6개의 동일한 크기의 구역으로 균등 분할한다. 도시중심부에는 약 5에이커 반 정도의 원형 센트럴 파크가 들어선다. 파크 주변에는 시청, 콘서트홀, 박물관 등 공공건물이 놓인다. 센트럴 파크를 따라 넓은 유리 아케이드인 크리스탈 팰리스가 있다. 크리스탈 팰리스를 지나 도시외곽의 환형구역으로 가다보면 그랜드 애비뉴(Grand Avenue)와 만난다. 그랜드 애비뉴는 센트럴파크 외곽에 자리 잡은 도시를 두 지대로 양분한다. 이 대로는 실제로 115에이커에 달해 제2 공원 역할을 한다. 면적이 4에이커인 6개의 부지가 생겨 이곳에 공립학교를 비롯한 교회부지를 세운다. 도시의 바깥쪽 환형지대에는 공장, 창고, 낙농장, 시장, 석탄저장소, 목재저장소 등이 들어선다. 이 모든 시설들은 도시를 에워싼 원형철도에 닿아있다. 철도의 지선들은 전체 부지를 관통하는 간선과 연결된다. 전원도시 중심도시는 58,000명 규모다. 주변의 위성도시 6개는 각 32,000명 규모다. 전체인구는 250,000명으로 구상됐다. 전원도시는 도로와 철도로 연결된 여러 위성 도시가 있는 도시 클러스터다.그림 1.4, 그림 1.5

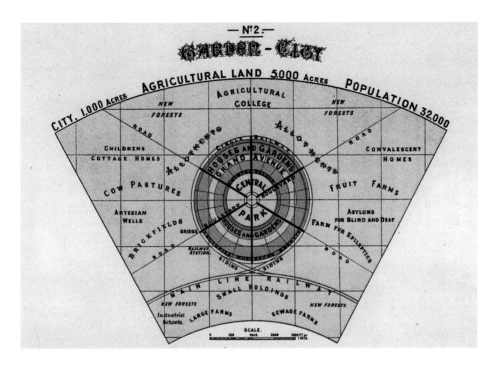

그림 1.4 하워드의 전원도시 모형

출처: 위키피디아.

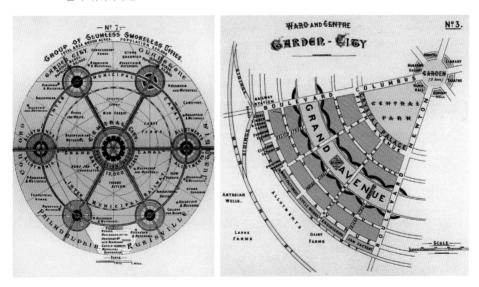

그림 1.5 전원도시의 중심도시, 위성도시, 도로, 그랜드 애비뉴

출처: 위키피디아.

WEST ANGLIA GREAT NORTHERN RAILWAY
WOULD LIKE TO WELCOME CUSTOMERS TO
LETCHWORTH
THE WORLDS FIRST GARDEN CITY

Letchworth

그림 1.6 영국 전원도시 레치워스 기차역과 입간판

출처: 권용우.

    레치워스(Letchworth)는 『둠스데이 책*(Domesday Book)*』(1086)에 고대 교구(教區)로 기록되어 있다. 20세기초까지 작은 시골 마을로 남아 있었다. 1903년 하워드는 런던에서 북쪽으로 53km 떨어진 레치워스에 첫 번째 전원도시 건설을 시도했다. 레치워스역에 접어들면 「세계최초의 전원도시에 온 것을 환영한다」는 대형 입간판이 놓여 있다. 레치워스역은 전원풍의 기차역이다. 도시 설립 100주년인 2003년 레치워스 도시 명칭이 레치워스 가든 시티(Letchworth Garden City)로 바뀌었다.그림 1.6 하워드는 전원도시를 구현하려고 전원도시 강의를 진행했다. 그는 1899년 전원도시협회(Garden City Association)

그림 1.7 영국 전원도시 레치워스의 하워드 박물관

출처: 위키피디아.

를 설립했다. 협회를 통해 재정적 지원을 도모했다. 협회는 도시 및 국가 계획 협회(Town and Country Planning Association, TCPA)로 발전했다.[4]

하워드의 레치워스 모형을 도면으로 옮겨 설계한 사람은 언윈과 파커다. 이들이 전원도시를 설계하고 작업했던 집은 박물관으로 바뀌어 하워드 박물관이 됐다. 이 박물관에는 하워드와 동료들의 작업하는 모습이 밀랍인형으로 만들어져 있다. 전원도시에 관한 풍부한 자료가 비치되어 있다.그림 1.7

---

4 https://en.wikipedia.org/wiki/Town_and_Country_Planning_Association

1904년 7월 첫 주민들이 레치워스로 이주했다. 주민들은 초기 주요 산업 지역의 도보 거리 내에 살았다. 많은 집들이 수수한 오두막 스타일로 지어졌다. 크림색으로 칠해진 렌더, 녹색 문, 점토 타일 지붕으로 마감되었다. 타운 센터의 남서쪽에는 중산층을 위한 큰 주택이 들어섰다. 1947년 이후 마을 북쪽 부지에 초등학교, 휴양지, 공공 주택, 쇼핑 센터가 설립됐다. 레치워스 주택은 보행자 전용 녹색 차선과 열린 공간을 향하게 했다. 집 뒤에 차고 코트를 두어 교통 영향을 최소화했다. 레치워스 도로는 차량보다 보행자가 주인이다. 대부분의 간선도로는 보행자와 자동차의 분리가 엄격하게 적용됐다. 보행자를 위주로 도로가 설계됐다. 1971년 마을 남쪽에 주택이 들어섰다. 1910년 솔러쇼트 서커스(Sollershott Circus)로 명명되는 영국 최초의 공공 도로 로터리가 조성됐다. 로터리 식의 라운드어바웃(roundabout) 교차로다. 교통의 흐름을 차단하지 않고 합리적으로 처리하는 방법이다. 자연지형을 살리면서 곡선으로 설계됐다.[5] 레치워스는 쾌적한 공간을 만드는 것이 목표다. 레치워스에는 3ha 면적의 하워드 공원과 정원이 조성되어 있다.그림 1.8

레치워스에는 2021년 기준으로 9.810㎢ 면적에 33,986명이 거주한다. 인구밀도는 3,464명/㎢다. 레치워스의 산업은 초기에 코르셋 제조, 낙하산 제조, 해독 기계 생산, 출판사, 철강, 먼지 수레 및 소방차 제조, 엔진 부품, 기계, 전기 발전소 등이 주였다. 1970년대 이후 공장 부지 일부는 업무 단지와 서비스 사무실로 재개발됐다. 마을 경제는 소수의 대규모 제조 기업에서 다수의 소규모 사무실 기반 기업으로 전환됐다. 1973년 이후 레치워스 도시 관리는 흑자 경영으로 전환됐다. 1995년부터 자선 단체인 레치워스 전

5 https://en.wikipedia.org/wiki/Broadway, _Letchworth

그림 1.8 영국 전원도시 레치워스의 오픈 스페이스

출처: 권용우.

원도시 유산 재단(Letchworth Garden City Heritage Foundation)이 도시를 관리한다.

웰원은 숲과 들판으로 이루어진 지역이었다. 웰원은 '버드나무'라는 뜻이다. 웰원에 로마가 들어와 정착했다. 웰원 외곽에 3세기 로마 목욕탕 유적이 남아 있다. 마을 남쪽에 빅토리아 시대 맨션이 있다. 웰원은 앵글로 색슨 부족의 중심이었다. 1190년경 색슨 교회 부지에 노르만 교회가 세워졌다. 1919년 하워드는 런던에서 북쪽으로 32km 떨어진 웰원(Welwyn)에 두 번째 전원도시 건설을 착수했다. 스와송 등과 함께 진행했다. 웰원역에는 지명을 알리는 이정표가 있다.그림 1.9 웰원은 기차역을 중심으로 좌우로 나뉜다. 왼쪽 지역에는 주거지역이 위치한다. 오른쪽 지역에는 생산기능을 담당하는

그림 1.9 영국 전원도시 웰윈 기차역 이정표

출처: 권용우.

산업지역이다. 웰윈 전원도시는 레치워스 전원도시보다 성숙된 모습을 보여준다. 웰윈에는 쿨데삭(cul-de-sac)이라는 다양한 형태의 막다른 골목이 조성됐다. 막다른 골목 끝에는 넓은 잔디밭이 있다. 잔디밭 주변을 따라 원형으로 도로가 나 있다. 그 바깥으로 주택이 배치되어 있다. 웰윈 주민들은 간선도로에서 막다른 골목으로 접어들어 주차를 한 후 걸어서 집으로 들어간다. 웰윈은 조용한 교외(郊外)의 단독주택 지역이 숲에 둘러 싸여 마치 산 속에 저택이 놓여 있는 모습을 연상시킨다. 웰윈에는 녹도축이 조성되어 있다. 녹도축의 정점에는 반원형의 녹지가 형성되어 있다. 녹도축 양편으로 주거지가 건설되어 있다.그림 1.10 웰윈은 쾌적한 건물, 넓은 도로, 터진 공

그림 1.10 영국 전원도시 웰윈 녹지 주거지역

출처: 권용우.

간을 갖춘 주거용 별장으로 설명된다. 주거, 산업, 상업 지역이 잘 갖추어져 있다. 1930년 웰윈 전원도시 주민의 건강이 런던 사람들보다 더 높은 것으로 확인됐다. 웰윈의 사망률과 유아 사망률이 낮은 것으로 나타났기 때문이다. 20세기 마을의 남쪽, 서쪽, 북쪽에 영지가 건설됐다. 1927년 영국 최초의 우회도로가 조성됐다. 1960년대 웰윈 북쪽의 고속도로가 업그레이드됐다. 1973년 고속도로는 기존 우회도로를 거쳐 마을을 지나 남쪽으로 확장됐다. 오늘날 6차선 고속도로가 4차선으로 합쳐지는 지점이 됐다. 웰윈에는 2개의 공립학교와 1개의 사립학교가 있다.

웰윈에는 1990년 문을 연 쇼핑점 하워드 센터가 있다. 쇼핑센터 명칭은 에베네저 하워드의 이름을 따서 명명됐다. 센터의 면적은 21,000m²다. 센터는 웰윈 전원도시 기차역과 센터 내부의 철도 매표소와 직접 연결된다. 시내 버스 정류장과 인접해 있다.[6] 그림 1.11 웰윈에는 2016년 기준으로 51,735명이 거주한다.

하워드의 전원도시 철학은 영국과 전 세계에 영향을 미쳤다. 제2차 세계대전 이후 영국에서 스티븐니지로부터 밀턴케인즈까지 30개 이상의 전원도시 커뮤니티가 조성됐다. 1909년 독일 건축가 헤르만 무테시우스는 독일 드레스덴 교외에 헬레라우(Hellerau) 전원도시를 세웠다.[7] 1910-1936년 기간 핀란드의 타파닐라(Tapanila) 마을이 조성됐다. 1946년 헬싱키에 합병됐다. 타파닐라에는 2005년 기준으로 5,474명이 거주한다.[8] 라트비아 리가 북쪽에 메자파크(Mežaparks) 삼림 공원 마을이 건설됐다. 메자파크에는 2017년 기준으로 11.821㎢ 면적에 4,457명이 거주한다.[9] 미국에는 뉴욕의 가든 시티와 퀸스의 서니사이드가 세워졌다. 캐나다에는 온타리오의 돈 밀스가 들어섰다. 스웨덴에는 스톡홀름의 브롬마가 건설됐다. 호주에는 멜버른의 선샤인 빌리지가 세워졌다. 뉴질랜드의 크라이스트 처치 건설에 전원도시 개념이 활용됐다. 페루 리마에 레지덴셜 산 펠리페가 있다. 브라질 상파울루에는 자르뎅 아메리카가 있다. 인도의 뉴델리, 호주의 캔버라, 필리핀의 케손 시티, 모로코의 아프란, 이스라엘의 텔아비브, 남아프리카 케이프타운의 파

6 https://en.wikipedia.org/wiki/Howard_Centre
7 https://en.wikipedia.org/wiki/Hermann_Muthesius/Hellerau
8 https://en.wikipedia.org/wiki/Tapanila
9 https://en.wikipedia.org/wiki/Me%C5%BEaparks

그림 1.11 영국 전원도시 웰윈 쇼핑점 하워드 센터

출처: 권용우.

인랜드, 싱가포르 등에 전원도시 철학이 원용됐다.

하워드는 1927년 영국 기사 학위를 받았다. 전원도시에 기여한 사람을 기려 하워드 메달이 제정됐다. 1938년 언원부터 1999년 피터 홀까지 90년 동안 11번 수여됐다. 파커, 멈포드, 슈타인, 패트릭 아버크롬비, 오스본, 미첼 등이 수상했다. 에베네저 하워드는 레치워스 묘지에 안장되어 있다.

제 2 장

세계의 그린벨트

영국과 유럽 등

01 영국

영국의 그린벨트는 에베네저 하워드의 전원도시 패러다임에서 비롯된다. 그는 도시주변에 폭 3km 이상의 개방 공간(open space) 녹지를 두는 전원도시를 구상했다. 도시주변 녹지는 그린벨트의 모체다. 영국의 그린벨트는 1935년부터 구체화됐다. 런던도시계획위원회는 런던주변에 환상녹지대(Green Girdle of Open Space) 설치를 제안했다. 공공 개방 공간 녹지와 레크리에이션 공간을 마련하자는 뜻이었다. 이는 그린벨트(greenbelt)로 이어졌다. 1938년 런던에 적용되는 그린벨트법(Green Belt Act)이 제정됐다. 그린벨트법은 여가활동과 농경 용도의 토지이용으로 제한하려 했다. 토지이용 제한은 공공 및 민간 토지소유주와 협정 체결로 실현됐다. 영국의 그린벨트는 처음부터 대도시 팽창을 규제해 도시적 토지이용으로부터 농지와 자연녹지를 보호하려는 목적을 분명히 했다.

1947년 도시 및 농촌계획법(Town and Country Planning Act)이 제정됐다. 영국 전역에 그린벨트가 적용되는 계획이 펼쳐졌다. 지방정부는 개발계획에서 그린벨트를 포함시키도록 의무화했다. 그린벨트 보상에 대한 새로운 조항이 생겼다. 지방정부는 토지 보상을 실천하면서 그린벨트 계획이 가능해졌다. 영국은 제2차 세계대전의 승전국이다. 국민들의 정부에 대한 신뢰가 컸다. 정부의 권한과 기능이 강화됐다. 정부는 일부 지역의 개발권을 국유화해 개발허가제와 같은 계획제도를 도입할 수 있었다. 개발권에 대한 보상은 국고에서 일시불로 지급됐다. 중앙토지국은 토지수용권을 부여받아 현재의 이용가(利用價) 대로 토지를 수용했다. 개발로 인한 이익은 세금으로 환수했다.

　1950년대 중반 이후 그린벨트 정책이 변모했다. 도시의 공간적 확산 규제라는 소극적 정책에서 벗어나려는 움직임이 나타났다. 도시주변 녹지를 합리적으로 이용하려는 적극적 대응이 대두됐다. 도시주변 녹지의 여가 및 휴식 공간으로서의 경제적 가치가 높이 평가됐다. 녹지를 훼손하지 않는 범위에서 그린벨트를 보다 적극적으로 활용하는 환경 친화적 개발방안이 모색됐다. 그린벨트는「개발제한구역」이 아닌 개발과 보존이 조화롭게 공존하는「개방 녹지」로 활용하고자 했다. 1970년대 이후 대도시권 쇠퇴와 도심 재개발이 새로운 사회문제로 대두됐다. 투기 목적의 개발업자는 개발허가를 얻기 위해 의도적으로 녹지대(Green Belt)를 쇠락지대(Brown Belt)로 변형시키려 했다. 그러나 영국은 그린벨트 보전에 대한 사회적 합의가 공고했다. 개발압력도 상대적으로 낮다. 그린벨트 훼손은 설득력을 갖지 못하고 있다.

그린벨트는 토지를 개방된 상태로 영구적으로 보전함을 추구한다. 자연스럽게 도시의 무질서한 확산이 방지된다. 그린벨트는 개발계획을 세워 지정한 지역에서만 개발이 이루어지도록 한다. 농촌이 보호돼 녹지가 확보된다. 지속가능한 도시개발의 패턴을 가져오게 한다. 그린벨트는 원칙적으로 개발이 금지되는 지역이다. 그린벨트 안에는 황폐화된 도시 토지나 야생동물 서식지가 있어 가치가 없는 농지도 많다. 이럴 경우 녹지의 존재 유무가 그린벨트 결정기준이 되지는 않는다. 그린벨트의 경계는 도로, 하천, 임야경계 등 명확히 구분될 수 있는 지형을 기준으로 한다. 실제로는 지역설정에 따라 약간의 굴곡이 있다. 그린벨트를 지정할 때 지도를 보고 경계를 정한다. 이런 연유로 그린벨트 경계가 필지를 관통하거나 마을을 관통하는 사례가 있다. 그린벨트 경계는 일단 설정되면 그대로 유지되는 경향이 있다. 변경해야 할 상황이 입증되고 정당화되는 경우에만 변경된다. 경계설정 변경이 또 다른 문제를 야기하기 때문이다.[1]

그린벨트로 지정되면 토지는 여러 가지 목적으로 활용된다. ① 도시민에게 개방된 농촌경관을 제공한다. 농·임업용 토지를 보전하고 이용한다. 도시주변의 수려한 경관을 보호하고 자연을 보전한다. ② 대규모 건축 지역의 무제한적인 확장을 억제한다. 이웃 도시가 서로 합쳐지는 것을 방지한다. ③ 도시주변에 옥외 운동과 레크리에이션 활동의 기회를 제공한다. 극장·박물관·전시관 등의 문화시설, 축구장·야영장·하이킹코스·산책

---

1 https://en.wikipedia.org/wiki/Green_belt
권용우, 변병설, 이재준, 박지희, 2013, 그린벨트: 개발제한구역 연구, 박영사.
박지희, 2011, "우리나라 개발제한구역의 변천과정에 관한 연구," 성신여자대학교 박사학위논문.

로 · 야외학습장 등의 레크리에이션 시설, 소규모 숙박시설을 장려한다. ④
역사적인 도시의 환경과 특별한 특성을 보존한다. ⑤ 버려진 토지와 기타
도시 토지의 재활용을 장려하여 도시 재생을 지원한다. 공공시설을 입지시
킨다. 학교, 소방서 등 공공기관, 기반시설을 설치한다.[2]

그린벨트 내의 주거시설은 허용된다. 상업 및 공업 목적의 시설은 금지
한다. 그린벨트 내 농가주택 및 농업용 시설물, 공동묘지, 체육시설, 공공시
설, 토석 및 광물채취, 농업 시설 등은 상대적으로 자유롭다. 그러나 도시 산
업용 신규 건축물 설치와 기존 건축물의 용도 변경은 금지한다.[3]

영국 그린벨트에서는 다음의 특성이 나타난다. ① 중산층이 자연 상태
의 개방성을 선호해 그린벨트 존속 확대를 원한다. ② 그린벨트 내 주택 가
격이 높아 그린벨트의 확대와 보전을 희망한다. ③ 그린벨트 내 지주는 소
수이고 일반 주민이 다수여서 지방의회는 다수 주민의 의사에 따르는 경향
이 있다.

영국의 지위향상 · 지역사회 · 지방정부부(Department for Levelling Up, Housing
and Communities, DLUHC)는 그린벨트에 관한 자료를 제공한다.[4] 영국 그린
벨트의 대부분은 1930-1950년대 사이에 지정됐다. 영국의 그린벨트 면
적은 1974년 6,928㎢, 1997년 16,523.1㎢, 2004년 16,715.8㎢, 2012년
16,394.1㎢, 2023년 16,384㎢로 변화했다. 2023년 기준으로 영국 국토면

---

2   건설교통부 영국 그린벨트조사단, 1998, 영국의 그린벨트 제도, 건설교통부.

3   최병선, 1993, "외국의 그린벨트제도," 도시문제 28(298), 대한지방행정공제회.

4   https://commonslibrary.parliament.uk/research-briefings/sn00934/
    Rankl, F., Barton, C., Carthew, H., 2023, *Green Belt*, Research Briefing,
    House of Commons Library, Parliament, UK.

적의 12.6%가 그린벨트다. 1974-2023년 사이 그린벨트가 2.36배 증가했다. 2022-2023년 기간 그린벨트는 전국토의 0.1%인 860ha가 늘었다. 영국 토지의 활용 용도는 개발 용도 9%, 건축 용도 11%, 보호지역 37%다. 보호지역에는 그린벨트로 지정된 토지, 공동 자연 보존 위원회가 확인한 보호지역 및 토지 지정이 포함되어 있다.[5]

2023년 기준으로 일부 토지가 그린벨트로 지정된 지자체는 영국 전체 309개 지자체 가운데 180개 지자체다. DLUHC가 지정한 영국 그린벨트 지역(도시 핵심)은 ① 배스와 브리스톨(브리스톨, 과바스) ② 버밍엄(웨스트 미들랜즈, 버밍엄, 코벤트리) ③ 블랙풀(블랙풀) ④ 버튼 온 트렌트(버튼 온 트렌트, 스와들린코트) ⑤ 케임브리지(케임브리지) ⑥ 칸포스, 랭커스터, 모어캠브(랭커스터, 모어캠비, 칸포스) ⑦ 더비와 노팅엄(노팅엄, 더비) ⑧ 글로스터(글로스터, 첼튼엄) ⑨ 런던 지역(그레이터 런던) ⑩ 머지사이드와 그레이터 맨체스터(머지사이드, 그레이터 맨체스터) ⑪ 옥스퍼드(옥스퍼드) ⑫ 사우스 및 웨스트 요크셔(사우스요크셔, 와웨스트요크셔) ⑬ 사우스웨스트햄프셔(도싯, 본머스, 풀) ⑭ 스톡 온 트렌트(스톡 온 트렌트) ⑮ 타인과 웨어(타인과 웨어, 더럼, 헥삼) ⑯ 요크(요크) 등 16개 지역이다.그림 2.1

---

5 https://en.wikipedia.org/wiki/Green_belt_(United_Kingdom)
   https://en.wikipedia.org/wiki/Metropolitan_Green_Belt
   https://www.gov.uk/government/statistics/local-authority-green-belt-statistics-for-england-2022-to-2023/local-authority-green-belt-england-2022-23-statistical-release

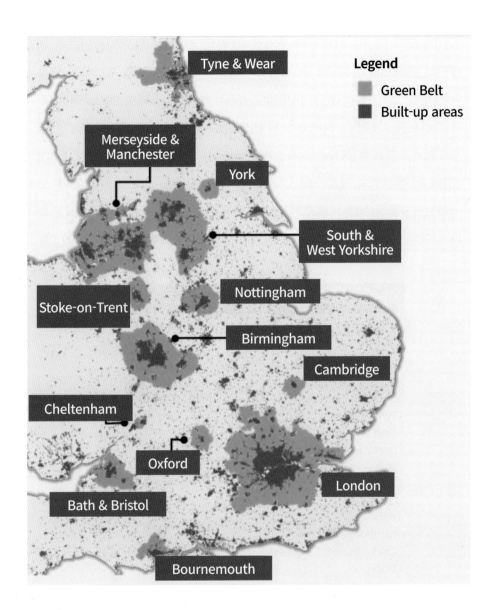

그림 2.1 영국의 그린벨트 분포 2023

출처: DLUHC, *English local authority Green Belt dataset, 2021/2021 boundaries* (Accessed 4 December 2023) 재인용.

16개 도시 핵심별 그린벨트 면적은 ① 런던 5,085㎢ ② 머지사이드와 그레이터 맨체스터 2,477㎢ ③ 셰필드 · 리즈 · 브래드포드를 포함하는 남부와 서부 요크셔 2,465㎢ ④ 버밍엄 2,266㎢ ⑤ 타인과 웨어 986㎢ ⑥ 배스와 브리스톨 716㎢ ⑦ 더비와 노팅엄 599㎢ ⑧ 스톡 온 트렌트 444㎢ ⑨ 사우스웨스트햄프셔 351㎢ ⑩ 옥스퍼드 345㎢ ⑪ 요크 280㎢ ⑫ 케임브리지 261㎢ ⑬ 첼튼엄과 글로스터 62㎢ ⑭ 블랙풀 25㎢ ⑮ 칸포스, 랭커스터, 모어캠브 15㎢ ⑯ 버튼어폰트렌트와 스와들린코트 7㎢ 순이다. 메트로폴리탄 런던은 5,085㎢로 가장 크다. 런던은 영국 전체 그린벨트 지역의 31.0%

Green Belt area by urban core, 2023	
Urban core	Area (km²)
London	5,085
Merseyside & Greater Manchester	2,477
South and West Yorkshire	2,465
Birmingham	2,266
Tyne & Wear	986
Bath and Bristol	716
Derby & Nottingham	599
Stoke-on-Trent	444
South West Hampshire	351
Oxford	345
York	280
Cambridge	261
Cheltenham & Gloucester	62
Blackpool	25
Carnforth, Lancaster & Morecambe	15
Burton-upon-Trent and Swadlincote	7

그림 2.2 영국 도시 핵심별 그린벨트 면적 2023

출처: DLUHC, *Local authority green belt statistics for England, 2022–23*, Table 4 재인용.

다. 런던, 머지사이드와 그레이터 맨체스터, 남부와 서부 요크셔, 버밍엄 등 4개 도시 핵심의 그린벨트는 각각 2,000㎢ 이상이다.그림 2.2

2023년 기준으로 영국 그린벨트 비율 상위 10개 행정구역은 ① 탄드리지 (2021년 88,143명) 그린벨트 233.0㎢ 전체면적의 94% ② 세븐오크스(2015년 29,506명) 그린벨트 343.9㎢ 전체면적의 93% ③ 에핑 포레스트(2021년 134,909명) 그린벨트 308.3㎢ 전체면적의 91% ④ 웨스트 랭커셔(2021년 117,125명) 그린벨트 310.1㎢ 전체면적의 90% ⑤ 브롬스그로브(2021년 34,755명) 그린벨트 192.9㎢ 전체면적의 89% ⑥ 브렌트우드(2021년 55,340명) 그린벨트 132.9㎢ 전체면적의 87% ⑦ 길퍼드(2011년 77,507명) 그린벨트 226.2㎢ 전체면적의 84% ⑧ 요크 (2021년 141,685명) 그린벨트 224.0㎢ 전체면적의 82% ⑨ 윈저 앤 메이든헤드 (2021년 153,921명) 그린벨트 162.6㎢ 전체면적의 82% ⑩ 세인트 알반스(82,146명) 그린벨트 131.4㎢ 전체면적의 82% 순이다.[6] 그린벨트가 도시 전체면적의 80% 이상인 도시는 시가지화 된 지역을 제외한 거의 모든 지역이 그린벨트다. 요크시는 2021년 기준으로 141,685명이 거주한다. 그린벨트 면적이 224.0㎢로 도시 전체면적의 82%다. 표 2.1, 그림 2.3

---

6 https://en.wikipedia.org/wiki/Tandridge_District/Sevenoaks/Epping_Forest_District
   https://en.wikipedia.org/wiki/West_Lancashire/Bromsgrove/Brentwood,_Essex
   https://en.wikipedia.org/wiki/Guildford/York/Royal_Borough_of_Windsor_and_Maidenhead
   https://en.wikipedia.org/wiki/St_Albans

표 2.1 영국 그린벨트 비율 상위 행정 구역 2023

(단위: 인구(연도), 그린벨트 면적, 전체면적 중 그린벨트 비율)

01	탄드리지	Tandridge	88,143(2021)	233.0㎢	94%
02	세븐오크스	Sevenoaks	29,506(2015)	343.9㎢	93%
03	에핑 포레스트	Epping Forest	134,909(2021)	308.3㎢	91%
04	웨스트 랭커셔	West Lancashire	117,125(2021)	310.1㎢	90%
05	브롬스그로브	Bromsgrove	34,755(2021)	192.9㎢	89%
06	브렌트우드	Brentwood	55,340(2021)	132.9㎢	87%
07	길퍼드	Guildforf	77,507(2011)	226.2㎢	84%
08	요크	York	141,685(2021)	224.0㎢	82%
09	윈저 앤 메이든헤드	Windser and Maidenhead	153,921(2021)	162.6㎢	82%
10	세인트 알반스	St, Albans	82,146	131.4㎢	82%

출처: DLUHC, *Local authority green belt statistics for England, 2022–23*, 재인용.
주: 상기자료를 기초로 필자가 재작성.

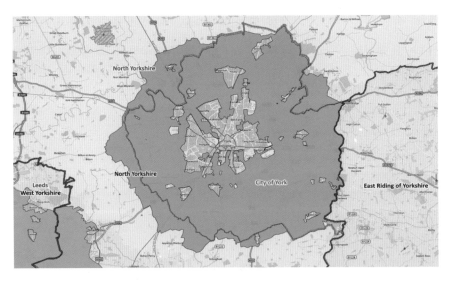

그림 2.3 영국 요크시 주변의 그린벨트

출처: 위키피디아.

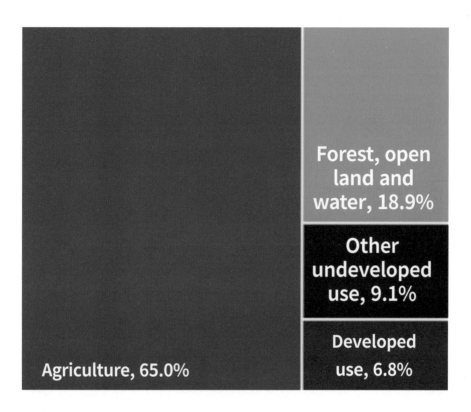

그림 2.4 영국 그린벨트 이용 비율 2022

출처: DLUHC, *Land use in England*, 2022, Table P401a 재인용.

  2022년 기준으로 그린벨트의 93.1%가 미개발 토지다. 미개발 토지는 주로 농업에 사용된다. 전체 그린벨트 토지의 65.0%가 농지다. 삼림, 공간 녹지, 수계가 18.9%다. 다른 미개발지가 9.1%다. 그린벨트 토지의 6.8%가 개발됐다. 개발된 토지 6.8%의 절반 이상인 3.8%가 도로와 기타 교통 기반 시설이다. 주거용 건물은 그린벨트 면적의 0.3%다.그림 2.4

2013-2022년 기간 그린벨트가 개발용도로 전환된 사례는 거주용과 기타 용도다. 2019/20년부터 2021/22년까지 기존에 개발되지 않은 그린벨트 지역 중 10.6㎢가 거주용도로 전환됐다. 거주용으로 전환된 그린벨트의 71%인 7.6㎢가 이전에 개발되지 않은 토지였다.

02 유럽 그린벨트

철의 장막(Iron Curtain)은 1945년 제2차 세계대전이 끝난 후 1991년 냉전이 끝날 때까지 유럽을 두 개의 별도 지역으로 나누었던 정치적 경계를 말한다. 「철의 장막」 용어는 알렉산더 캠벨(Campbell)이 저서 『It's Your Empire』(1945)에서 '1942년 일본이 정복한 이후 행한 침묵과 검열을 철의 장막'으로 묘사했다. 1946년 윈스턴 처칠이 미주리 주 풀턴에서 행한 연설에서 「철의 장막」을 사용하면서 알려졌다. 철의 장막 동쪽에는 소련, 폴란드, 동독, 체코슬로바키아, 헝가리, 루마니아, 불가리아, 알바니아가 있었다. 소련의 구성 국가는 러시아, 벨로루시, 라트비아, 우크라이나, 에스토니아, 몰도바, 아르메니아, 아제르바이잔, 조지아, 우즈베키스탄, 키르기스스탄, 타지키스탄, 리투아니아, 투르크메니스탄, 카자흐스탄이었다. 철의 장막 서쪽은 NATO 회원국, 군사중립국, 비동맹국 등이었다. 철의 장막은 양쪽의 단절로 천연 비오톱이 형성되는 유럽 그린벨트가 조성됐다.[7]

---

7 https://en.wikipedia.org/wiki/Iron_Curtain/Schengen_Agreement

유럽 그린벨트 이니셔티브는 철의 장막을 따라 펼쳐진 녹지 띠를 보호하면서 지속 가능한 관리를 도모하는 풀뿌리 운동으로 발전했다. 유럽 그린벨트 환경 계획은 국제자연보전연맹의 후원으로 진행됐다. 유럽 그린벨트의 총길이는 12,500km다. 북쪽의 바렌츠 해부터 흑해와 아드리아 해까지 이어지는 생태 네트워크 중추를 만드는 것이 목표다. 유럽 그린벨트에는 이전 철의 장막 경로를 따라 국립 공원, 자연 공원, 생물권 보호 구역, 접경 보호 지역, 국경 전후의 보호되지 않는 귀중한 서식지가 연결되어 있다. 1985년 룩셈부르크 솅겐에서 체결된 솅겐조약으로 유럽의 국경 지대가 점차 개방됐다. 국경지대 내외의 훈련장, 군사연구시설 등 군사시설이 폐쇄됐다. 이 땅의 소유권과 귀중한 경관에 관한 논의가 진행됐다. 철의 장막을 따라 펼쳐진 자연 자산을 보전하기 위해 보존 이니셔티브 그린 벨트가 형성됐다. 유럽 그린벨트 경로는 4개의 지역 섹션으로 구분된다. ① 페노스칸디아 그린벨트(노르웨이, 핀란드, 러시아) ② 발트해 그린벨트(에스토니아, 라트비아, 러시아, 리투아니아) ③ 중앙 유럽 그린벨트(폴란드, 독일 내륙 국경, 체코, 슬로바키아, 오스트리아, 헝가리, 슬로베니아, 크로아티아, 이탈리아) ④ 발칸/남동부 유럽 그린벨트(세르비아, 몬테네그로, 코소보, 불가리아, 루마니아, 북마케도니아, 알바니아, 그리스, 터키) 등이다.[8]

베를린 장벽이 무너진 1989년 12월 독일의 호프에서 유럽 그린벨트 결의안이 발의됐다. 2003년 유럽그린벨트를 이행하는 조정자로서 세계자연보전연맹(IUCN)과 함께 실무그룹을 설립했다. 2010년 페노스칸디아 그린벨트를 보호하기 위한 양해각서가 서명됐다. 2010년 자연 보호 공헌상이 수여됐다. 유럽 그린벨트는 ① 살충제 살포 금지로 많은 희귀 곤충이 보존됐

---

8 https://en.wikipedia.org/wiki/European_Green_Belt

그림 2.5 유럽 철의 장막과 유럽 그린벨트

출처: 위키피디아, 권용우.

다. ② 국경 수비대가 건너편을 쉽게 볼 수 있도록 초목을 잘라 해당 지역이 연속적인 숲이 되는 것을 막을 수 있었다. 이에 따라 열린 땅에서 야생 동물이 서식할 수 있었다. ③ 국경 장벽이 제거된 지 18년이 지난 후에도 바이에른과 보헤미아 사이 국경에 있는 우거진 그린벨트에 서식하는 숲사슴이 여전히 국경을 넘어가는 것을 거부했다. ④ 오래된 지뢰 폭발 분화구는 야생동물 연못이 되었다. ⑤ 불가리아/그리스 지역에는 동부 제국 독수리 둥지가 많다.그림 2.5

03 독일

독일은 1891년 아디케스법을 제정해 토지이용규제와 개발이익의 국가 환수를 제도화했다. 독일은 가장 강력하게 개발규제를 시행하는 나라 가운데 하나다. 전 국토를 「개발허용지역」과 「개발억제지역」의 두 가지로 구분하고 있다. 개발허용지역은 시가지구역이나 지구상세계획이 설정된 지역이다. 이런 연유로 독일의 전 국토는 사실상 개발을 제한하는 그린벨트에 해당된다는 해석이 있다.[9]

1945년 내독(內獨) 국경이 설정됐다. 1961-1989년 기간 베를린 장벽이 존속했다. 동독에는 1989년까지 700개의 대형 감시탑이 국경 전체 길이를 따라 일정한 간격으로 건설됐다. 1989년 독일의 환경단체 Bund Naturschutz(BUND)는 이 지역을 독일 그린벨트(Grünes Band Deutschland)로 살리는 프로젝트를 진행했다. 동독과 서독을 분리했던 내독 국경 울타리와 경비탑 네트워크를 자연보호구역으로 살리는 운동이다. 오랫동안 「죽음의 길」로 불렸던 지역을 기념물 재생의 상징으로 바꾸고 있다. 독일의 분리 내독 국경 지역은 접근이 불가능해 방해받지 않은 환경으로 발전했다. 이곳은 풍부하고 다양한 종 서식지가 됐다. 멸종 위기종과 중요한 비오톱의 상호 연결 시스템이 공존하는 경관이 이뤄졌다. 그린벨트는 메클렌부르크-서포메라니아, 브란덴부르크, 니더작센, 작센-안할트, 튀링겐, 작센 등 6개 연방 주를 통과한다. 슐레스비히-홀슈타인, 헤센, 바이에른의 3개 연방 주 국

---

9   임강원 외, 1998, 현 개발제한구역제도의 개선안(시안), 국민회의 개발제한구역 특수정책기획단.

경 구역과 접촉한다. 독일의 주요 육지 지역 대부분에 걸친 구역이다. 이곳은 독일의 녹색 인프라와 생물 다양성 네트워크를 이루는 중추 지역으로 발전했다. 독일 그린벨트 총길이는 1,393km다. 그린벨트 내 보더랜드 박물관 아이히스펠트(Borderland Museum Eichsfeld)는 동독과 서독 사이의 옛 내독 국경지역인 중부 독일에 위치한 역사 박물관이다. 박물관 지역에는 6km 길이의 원형 하이킹 코스가 있다.[10] 그림 2.6

독일 그린벨트는 면적의 85%, 길이의 80% 이상이 자연 그대로의 모습을 유지하고 있다. 독일 그린벨트의 대표적 지역은 세 곳이다. ① 엘베강-알트마르크-웬드랜드는 독일 분단 시절 4개 주의 영토를 아우르는 경계 지역이다. ② 하르츠 산맥 지역은 그린벨트 내에 있는 국립공원이다. 하르츠 산맥 국립공원의 전체 면적은 24.700ha다. 생물 다양성 보존을 위해 조직된 유럽 생태보호 구역인 「나투라 2000(Natura 2000)」에 포함되어 있다. 전체 면적의 95%가 독일가문비 나무 숲이다. 2000-2004년 사이 19마리 시라소니를 하르츠 국립공원에 방출해 이곳에 살고 있다. ③ 튀링겐 숲과 프랑켄 숲은 자연과 상호작용할 수 있는 시스템이 마련되어 있다. 튀링겐 발트 자연공원은 「녹색 심장」으로 불린다. 독일 가문비나무와 하이디 군락이 자라고 있다. 독일 그린벨트는 ① 109가지의 다양한 동물 서식지 ② 서식지 중 48%가 독일 멸종위기에 처한 동물의 서식지 ③ 28%가 자연보호 구역 ④ 38%가 동물과 식물의 서식지 역할을 하고 있다.[11]

---

10 https://en.wikipedia.org/wiki/German_Green_Belt/Borderland_Museum_Eichsfeld

11 https://en.wikipedia.org/wiki/Geography_of_Germany
https://ko.wikipedia.org/wiki/%EA%B7%B8%EB%A6%B0%EB%84%A4%EC%8A%A4%EB%B0%98%ED%8A%B8

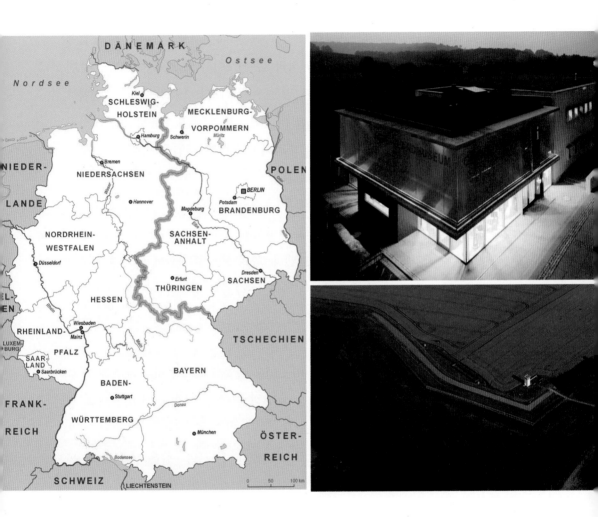

그림 2.6 독일 그린벨트, 보더랜드 박물관 하이히스펠트, 하이킹 코스

출처: 위키피디아.

04 프랑스

프랑스는 1976년 일드프랑스(Île-de-France)를 대상으로 그린벨트를 도입했다. 규모는 일드프랑스 레지옹 면적의 5분의 1이다. 초기에는 신도시 주변에 지정됐다. 도시와 농촌 사이에 있는 완충지대다. 1983년부터 그린벨트 관리 부서 레지옹에서 그린벨트를 확대하고자 토지를 수용하고 관리하고 있다. 지속적으로 사유지 매입을 추진하고 산림화 작업을 진행했다. 2017년 녹지생성계획을 수립했다. 일드프랑스 주민에게 거주지 기준 도보 15분 이내에 이용할 수 있는 녹색공간을 제공하고자 했다. 녹지생성계획 프로젝트는 공유텃밭에서 숲 조성에 이르기까지 다양하다. 2021년까지 420ha의 새로운 녹지가 일드프랑스에 확보됐다. 파리 동북쪽 외곽에 위치한 생마르탱 숲(Bois Saint-Martin)이 대표적이다. 이곳은 다양한 생물종을 보유한 녹색지대다. 확보된 녹지는 생물종 다양성 공간이 연결된 생태 네트워크인 녹색 트램(trame verte)에 편입된다.[12]

1859-1969년까지 110년 동안 바스티유 광장에서 출발하여 동쪽으로 루이, 벨에어, 생망데까지 가는 철도 노선이 있었다. 1980년대 바스티유 광장의 철도 종착역은 오페라 바스티유를 지으려고 철거됐다. 이 철도노선은 「녹색 복도」로 불리는 그린벨트로 변모했다. 1993년 「심은 산책로」라 불리는 4.7km의 고가 선형 공원이 조성됐다.[13]

---

12 https://library.krihs.re.kr/dl_image2/IMG/07/000000032359/SERVICE/000
    000032359_01.PDF

13 https://www.opentable.com/cuisine/best-french-restaurants-greenbelt-md
    https://en.wikipedia.org/wiki/Coul%C3%A9e_verte_Ren%C3%A9-Dumont

프랑스 북서부 브르타뉴, 일레 빌렌강이 합류하는 지점에 도시 렌(Rennes)이 있다. 렌에는 2021년 기준으로 50.39㎢ 면적에 225,081명이 거주한다. 렌 대도시권 인구는 2018년 기준으로 747,156명이다. 렌 도시 순환 도로 주변에 상당한 규모의 그린벨트가 있다. 이 그린벨트는 밀도가 높은 중심 도시와 밀도가 낮은 도시 주변 농촌지역의 보호 기능을 하고 있다. 렌은 브리타니 고속도로 네트워크의 허브다. 여러 고속도로가 렌 순환도로와 연결되어 있다. 렌은 136번 국도인 순환도로로 둘러싸여 있다. 1968-1999년 기간에 우회로 31km가 건설됐다.[14]

05 세르비아, 스웨덴, 오스트리아, 이탈리아

세르비아 베오그라드에 바이포드 숲이 있다. 2015년까지는 반히카 숲으로 불렸다. 숲의 면적은 40ha, 길이 2.3km, 너비 최대 300m다. 야생 식물 꽃자루 참나무, 붉은 단풍나무, 은색 단풍나무, 박스 엘더 등이 자란다. 숲 바닥에는 나무도마뱀, 제비꽃, 딸기, 마늘 머스타드, 데드네틀 등 야생화가 있다. 숲에는 68종의 조류가 서식하고 있다. 텃새 40종, 철새 16종 등이다. 세르비아가 천연기념물, 지정식물로 보호하고 있다.[15]

스웨덴 스톡홀름 인근에 1995년 조성된 왕립 국립 도시 공원(Royal National City Park)이 있다. 공원의 면적 27㎢다. 스웨덴에서는 17세기와 18세기에 바

---

14 https://en.wikipedia.org/wiki/Rennes
15 https://en.wikipedia.org/wiki/Banjica_forest

로크식 공원, 사냥 공원 등이 조성된 바 있다. 1809년 이후 왕실에 토지 소유권과 처분권이 부여됐다. 공원에는 「성에서 오두막까지」의 건물이 있다. 참나무ㆍ낙엽수림 등의 숲, 탁 트인 들판, 레크리에이션ㆍ스키 등의 운동 시설, 호수, 역사적 풍경이 있다.[16]

오스트리아에 비엔나숲이 있다. 북부 석회암 알프스의 북동쪽 산기슭을 형성하는 숲이 우거진 고지대다. 높이 893m, 길이 45km, 너비 20-30km다. 비엔나 숲에는 8세기부터 사람이 거주한 것으로 추정된다. 11세기부터 1850년까지 왕실 사냥터였다. 1840년경에 시작된 산업 개발로 인해 정착이 늘어났다. 1870년에 대부분의 숲을 제거하려는 계획이 제시되었으나 반대로 무산됐다. 1987년에 비엔나, 니더 오스트리아, 부르겐란트주는 이 지역의 자연을 보호하기 위해 비엔나 숲 선언에 서명했다. 너도밤나무, 참나무, 서어나무속은 숲 북쪽에서, 침엽수, 소나무, 전나무는 숲 남쪽에서 자란다.[17]

이탈리아 밀라노에 밀라노 남부 시골 공원(Parco Agricolo Sud Milano)이 있다. 이탈리아 밀라노의 남쪽과 남동쪽에 위치한 대규모 보호 농촌 지역이다. 1990년 포 밸리(Po Valley)의 자연 및 역사적 유산을 보존, 보호, 강화할 목적으로 설립됐다. 면적은 47,000ha로 반원 모양이다. 인접한 서쪽의 티치노 공원과 동쪽의 아다 공원과 연결된다. 공원은 농경지, 밀라노 주변자치

---

16   https://sv.wikipedia.org/wiki/Kungliga_nationalstadsparken
     https://www.lansstyrelsen.se/stockholm/besoksmal/nationalparker/kung
     liga-nationalstadsparken.html

17   https://en.wikipedia.org/wiki/Vienna_Woods

구, 밀라노 러 공동체와 도시, 강 유역, 삼림 지대 등으로 구성되어 있다.[18]

06 대양주

호주의 시드니, 니럼비크 샤이어, 애들레이드는 도시주변에 그린벨트 기능의 녹지대가 조성되어 있다. 시드니는 삼면이 로열 국립공원, 쿠링가이체이스 국립공원, 블루마운틴 국립공원으로 둘러싸여 있다. 네 번째 면은 바다에 접해 있다. 서부 시드니 파크랜드(Western Sydney Parklands)는 교외 지역을 통과하는 부분적인 남북 녹지대를 이룬다. 니럼비크 샤이어(Shire of Nillumbik)는 멜버른에서 북동쪽으로 30km 떨어져 있다. 2021년 기준으로 432㎢ 면적에 62,895명이 거주한다. 이 도농복합지역은 고밀도 인프라 건설을 방지하기 위해 그린벨트 역할의 녹지대를 설치했다. 그린 웨지 샤이어(Green Wedge Shire)로 불린다. 애들레이드는 2022년 기준으로 3,259.8㎢ 면적에 1,418,455명이 거주한다. 멜버른에서 북서쪽으로 725.8km 떨어져 있다. 애들레이드는 넓은 다차선 도로, 쉽게 탐색할 수 있는 기본 방향 그리드 레이아웃, 도심 주변의 광대한 녹색 지대를 갖추고 있다. 도심은 빛의 비전(Light's Vision)으로 알려진 그리드 계획에 따라 건설됐다. 애들레이드 도심의 중심업무지구는 1837년 처음 계획된대로 애들레이드 파크랜드로 완전히 둘러싸여 있다.[19] **그림 2.7**

---

18   https://it.wikipedia.org/wiki/Parco_agricolo_Sud_Milano
19   https://en.wikipedia.org/wiki/Sydney/Shire_of_Nillumbik/Adelaide

그림 2.7 호주 애들레이드 파크 도심 주변의 그린벨트

출처: 위키피디아.

　　뉴질랜드에서는 그린벨트인 도시녹지대를 뜻할 때 타운 벨트(Town Belt)라는 용어를 사용한다. 해밀턴 타운 벨트는 그린벨트라 알려졌다. 1877년부터 도시 경계를 둘러싸고 있는 일련의 공공 공원이다. 해밀턴 가든, 와이카토 스타디움, 세든 파크, 해밀턴 여자 고등학교, 파운더스 극장, 해밀턴 레이크 도메인 등의 도시 구조물이 타운 벨트에 위치해 있다. 벨트의 동쪽 부분은 해밀턴 이스트와 힐크레스트 교외지역을 분리한다. 웰링턴 타운 벨트는 뉴질랜드 수도인 웰링턴 중심부와 주변 지역에 나무로 가득 채워진 야생 그린벨트다. 타운 벨트인 내부 스트립은 길쭉한 U자형이다. 1840년 도시 설계할 때부터 남겨둔 땅이다. 오늘날 원래 면적의 2/3가 남아 있다. 웰링턴 병원, 웰링턴 빅토리아 대학교, 정부 청사, 웰링턴 동물원, 웰링턴 대학, 웰링턴 식물원, 공원, 레크리에이션 지역 등 다양한 공공 용도로 토지 용도가 변경됐다. 더니든에는 2023년 기준으로 3,314㎢ 면적에 134,600명이 거주한다. 더니든 타운 벨트는 세계에서 가장 오래된 녹지대 중 하나다. 1848년 스코틀랜드가 오타고 골드 러시 기간 오타고 정착지를 세울 때 계획했다. 더니든 도심을 둘러싸고 있는 그린벨트다. 도심의 3면이 타운 벨트이고, 네 번째 면은 오타고 항구다. 면적 200ha다. 도심에서 1-3km 떨어진 언덕에 초승달 모양으로 둘러쳐져 있다. 벨트의 먼 곳은 도심에서 7km 거리다. 타운 벨트는 도시의 내부 교외와 외부 교외 사이에 휴식 공간을 이룬다. 자생림과 관목지가 혼합되어 있는 삼림이었다. 숲이 개방되고 공원이 조성되면서 나무를 다시 심었다. 자홍색나무, 레몬나무, 창나무, 마누카, 활엽수 등이 자란다. 숲에는 케레루, 동부 로젤라, 벨새, 뻐꾸기 등이 서식한다. 벨트는 더니든의 주요 거리와 연결되어 있다. 숲과 공원을 통과하는 산책로가 있다.[20] 그림 2.8

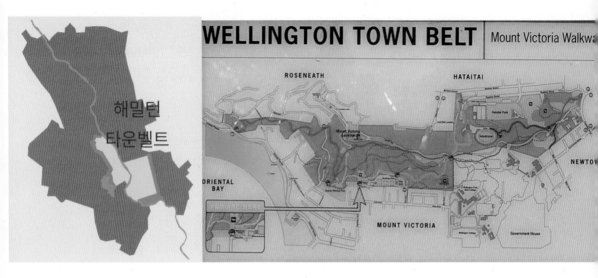

그림 2.8 뉴질랜드의 해밀턴 타운 벨트, 웰링턴 타운 벨트, 더니든 타운 벨트

출처: 위키피디아, 권용우.

07 그린벨트 운동

　왕가리 마타이(Wangarĩ Maathai 1940-2011)는 케냐의 사회·환경·여성 활동가다. 미국 피츠버그대에서 박사학위를 취득했다. 나무 심기, 환경 보전, 여성의 권리에 초점을 맞춘 환경 비정부 단체를 이끌었다. 1977년 그린벨트 운동을 창설했다. 케냐 전국에 묘목 심기 운동을 펼쳤다. 1986년 범아프리카 그린벨트 네트워크(Pan-African Green Belt Network)를 설립했다. 15개 아프리카 국가가 참여했다. 사막화, 삼림 벌채, 물 위기, 농촌 기아 극복 운동을 전개했다. 2004년「지속 가능한 발전, 민주주의, 평화에 대한 공헌」으로 노벨 평화상을 수상했다.[21]

21　https://en.wikipedia.org/wiki/Wangari_Maathai

제2절
미국과 아메리카

01 미국

그린벨트 마을

1929년의 대공황은 미국 사회에 극심한 경제적 혼란을 가져왔다. 10,000,000명 이상이 직장을 잃었다. 1933년 프랭클린 루즈벨트(Franklin D. Roosevelt) 대통령은 더 나은 환경으로 국가를 재건하고자 뉴딜(New Deal) 정책을 추진했다. 1934년 그는 「나무와 열린 공간의 녹지로 둘러싸인 전원 도시」그린벨트를 구상했다. 새로운 마을을 건설해 일자리와 거주지로 제공하고자 했다. 새로운 마을은 녹색산림지대의 벨트로 둘러싸인 하워드 전원도시의 미국적 적용 패러다임이었다. 1935년 8월 미국 의회는 새로운 마을 건설을 위해 「긴급구제 지출법(Emergency Relief Appropriation Act)」을 통과시켰다. 이 법으로 대통령은 실업자 구제를 위해 광범위한 국가프로그램을 시행할 수 있게 됐다. 새로운 마을 건설자금이 법적으로 마련됐다.

① 메릴랜드주의 그린벨트 ② 위스콘신주의 그린데일 ③ 오하이오주의 그린힐스 등 3개의 뉴딜 그린벨트 마을(the three Greenbelt towns)이 선정됐다. 국가가 토지를 매입하여 세 마을을 건설했다. 복지정책의 실천이었다. 도시계획은 영국 하워드의 전원도시를 모델로 했다. 1935년 그린벨트 마을 부지를 매입했다. 1937년 터그웰 타운(Tugwell Town)이 완공됐다. 입주민에 대한 기준이 제시됐다. 부부는 기혼자이고, 아내는 아이들과 함께 집에 있어야 했다. 지역사회 문제에 참여할 수 있는 가족을 선정했다. 안정적 직업, 좋은 신용, 질병없는 건강을 요구했다. 입주민의 종교는 개신교 63%, 가톨릭 30%, 유대교 7% 등이었다. 1937년 이곳을 방문한 루즈벨트 대통령은 '나는 이 프로젝트의 청사진을 보았다. 오늘 와서 본 현장은 나의 모든 꿈을 뛰어넘는다!'라고 칭찬했다. 1938년까지 30개 이상의 마을이 조성되어 본격적으로 입주했다. 공동체는 가족생활 중심으로 이뤄졌다. 1952년 정부는 마을과 그린벨트의 대부분을 매각했다.[22]

그린벨트(Greenbelt)는 메릴랜드주 프린스 조지 카운티에 있는 도시다. 워싱턴DC 교외에 있다. 2020년 기준으로 16.29㎢ 면적에 24,921명이 거주한다. 연방 정부에 의해 백인(白人)으로 구성된 도시다. 1936년 도시 명칭이 그린벨트로 명명됐다. 건축물은 아르데코, 유선형 모더니즘, 바우하우스 건축 양식으로 세웠다. 그린벨트는 민간이 건설한 계획 도시의 초기 모델이었다. 해당 지역은 워싱턴 DC 교외 지역, 버지니아 레스턴, 메릴랜드 컬럼비아 등

---

22 https://en.wikipedia.org/wiki/New_Deal
    https://www.nps.gov/gree/learn/historyculture/index.htm
    http://www.greenbelt.com/gcom/aboutgb.htm

에 연관되었다. 그린벨트는 개발의 역사적 이정표가 됐다. 그린벨트는 메릴랜드 최초의 자치단체다. 1987년 50주년을 기념하는 최초의 계획 커뮤니티로 선정됐다. 1987년 10월 10일 그린벨트 박물관이 헌정됐다. 박물관은 원래 가구를 갖추어 복원된 원 주택이다. 1997년 올드 그린벨트(Old Greenbelt)인 도시 중심부는 국립역사유적지(National Historic Landmark District)로 등재됐다.

그린벨트는 주거지에서 번화가까지 주요 차로를 건너지 않고 도보로 간다. 도로나 보도는 보행자 중심이다. 보행자와 자전거 이용자들은 서로 분리되어 통행한다. 주택 임대료는 낮다. 지역사회조직에 참여하는 입주자를 받아 들였다. 1937년 이래 주민들은 스스로 공동체를 조직해 활동하고 있다. 유치원을 세우고 언론활동을 한다. 주택조합을 만들어 전원생활에 적합한 주택단지를 임대한다. 도시 외곽의 녹지는 시민의 일상생활과 연결되어 있다. 여가활동 공간은 접근성이 높고 시설들이 다양하다. 브레이든 필드(Braden field)에는 테니스코트, 배구장, 축구장, 농구장 등이 있다. 주택가에서 조금 떨어진 곳에 그린벨트 강아지 공원(Dog Park)이 있다. 버디 애틱(Buddy Attic) 호수 주변은 걷기, 조깅, 산책로 등의 최적 장소다.[23]

그린데일(Greendale)은 위스콘신주 밀워키 카운티에 있는 마을이다. 밀워키 남서쪽에 위치하며 밀워키 대도시 지역의 일부다. 2020년 기준으로 14.44㎢ 면적에 14,854명이 거주한다. 1936년 건설됐다. 1938년 주택 임대에서 백인 위주의 교외 지역으로 조성됐다. 아프리카계 미국인 가족도 함께 살

---

23 https://en.wikipedia.org/wiki/Greenbelt,_Maryland
    http://wikimapia.org/27266834/Braden-Field-Tennis-Court
    https://birdersguidemddc.org/site/greenbelt-lake-municipal-park-buddy-attick-lake-park/

앴다. 시내에는 식민지시대의 윌리엄스버그 스타일로 지어진 마을 회관, 572개의 생활 단위로 구성된 366개의 주택/사업체가 있다. 이 주택은 「그린데일 원조(Greendale Originals)」라고 불렸다. 주민들은 학교, 상점, 공원까지 걸어 다닌다. 노동계급을 위한 모델 마을이 되도록 의도됐다. 그린데일의 연방 소유권은 1953년 종료됐다. 1950년대 후반 그린데일은 밀워키 교외 확장과 함께 성장했다. 1970년 사우스리지(Southridge) 몰이 개장됐다. 노스리지 몰과 함께 동서 간선 도로와 가까운 76번가에 위치해 있다. 1996년 마을 중앙의 마을 회관이 리메이크 업데이트됐다. 매년 40,000개 이상의 꽃이 시내 거리를 따라 걸이 바구니, 보도 침대, 상점 앞 창문 상자에 심어진다.[24]

그린힐스(Greenhills)는 오하이오주 해밀턴 카운티에 있는 마을이다. 2020년 기준으로 3.22㎢ 면적에 3,741명이 거주한다. 상당수 주민은 국제 스타일의 타운홈에 살았던 개척자의 3-4대 후손이다. 정부가 건설한 그린힐스 역사 지구는 미국 국립 사적지 등록부에 등재되어 있다. 미국 역사 랜드마크다. 마을 회관은 국가 유적지 등록부에 등재되어 있다. 그린힐스의 남쪽 경계 부근에 원턴우즈(Winton Woods) 공원이 있다. 지역 주민은 이 공원에서 소풍, 승마, 낚시, 보트 타기 등의 여가활동을 즐긴다.[25]

미국 그린벨트 마을 주민은 대통령에 의해 계획된 도시라는 자긍심을 갖는다. 주민들은 도심녹지와 그에 대한 접근성에 만족한다. 애완동물을 위한 개공원의 선호도가 높다. 공원은 주민들의 소풍, 조깅, 산책, 운동 장소다.

---

24   https://en.wikipedia.org/wiki/Greendale,_Wisconsin
25   https://en.wikipedia.org/wiki/Greenhills,_Ohio

도시 성장 경계와 그린벨트

도시 성장 경계(Urban Growth Boundary)는 경계 내부 지역은 도시 개발에 사용하고, 외부 지역은 자연 상태로 보존하는 개념이다. 도시의 확산을 통제하도록 설정된 지역 경계다. 도시 성장 경계 내의 영역을 도시 성장 지역(Urban Growth Area) 또는 도시 서비스 지역 등으로 지칭한다. 외부 지역은 농업용으로 사용하려는 경우가 많다. 도시 성장 경계는 전체 도시화된 지역을 제한하는 패러다임이다. 지방 정부가 구역 설정 및 토지 사용 결정에 대한 지침으로 사용한다. 하수 집수지, 학군 최적화 등 유틸리티 및 기타 기반 시설의 장기 계획 효율성을 높이려고 사용한다.

미국 오리건주, 워싱턴주, 테네시주에서는 도시와 카운티가 도시/카운티 성장 경계를 설정하도록 요구한다. 오리건은 농장과 산림지의 개발을 제한한다. 오리건주 법은 개발 가능한 토지의 성장 경계를 정기적으로 조정하도록 규정하고 있다. 오리건의 도시 성장 경계는 1980년에 만들었다. 2018년 기준으로 30배 이상 확장됐다. 1990년 승인된 워싱턴의 성장 관리법은 카운티 설정에서 오리건의 사례에 바탕을 두고 성안했다. 테네시에서는 도시 경계 설정을 장기적인 도시 경계를 정의하는 데 사용한다. 테네시의 모든 카운티는 「계획 성장 지역」을 설정해야 한다. 상하수도와 같은 서비스가 얼마나 멀리까지 갈 것인지를 정의하는 근거로 삼는다. 캘리포니아는 각 카운티 내 각 도시와 마을의 도시 성장 경계를 설정하는 위원회를 두도록 했다. 텍사스는 미래 도시 성장을 계획하기 위해 치외법권 관할 경계를 사용한다.

도시 성장 경계를 채택한 도시는 오리건 포틀랜드, 콜로라도 볼더, 하와이 호놀룰루, 버지니아 비치, 켄터키 렉싱턴, 플로리다 마이애미-데이드 카운티, 미네소타 미니애폴리스-세인트폴 대도시 지역, 워싱턴 시애틀, 테네시 녹스빌, 캘리포니아 산호세 등이 있다. 오리건 포틀랜드는 최소 81㎢의 빈 토지를 포함하는 도시 성장 경계를 요구한다. 마이애미-데이드의 도시 개발 경계(Urban Development Boundary)는 에버글레이즈로의 확장과 배수로부터 보호하기 위해 설정됐다.

샌프란시스코 베이 지역 20개 이상의 도시에 도시 성장 경계가 설치됐다. 1958년 설립된 샌프란시스코 그린벨트 얼라이언스(Greenbelt Alliance)가 도시 지역 내의 열린 공간을 보호한다. 워싱턴 시애틀 비콘 힐 서쪽 경사면에 정글(The Jungle) 그린벨트가 있다. 면적 61ha다. 공식적으로 이스트 두와미시 그린벨트(East Duwamish Greenbelt)라 한다. 노숙자 야영지로 이용된다. 텍사스 오스틴에는 바턴 크릭 그린벨트가 있다. 미시간 앤아버에는 도시 주변 농지에 대한 보존 지역권이 있다. 아이다호에는 보이시 강 그린벨트가 있다. 1869-1942년 조성된 시카고 공원 및 대로 시스템은 종합 녹색 도로 시스템이다. 시카고 시스템은 2018년 미국 국립 유적지 등록부에 등재됐다. 뉴욕시에는 스태튼 아일랜드 그린벨트와 브루클린-퀸스 그린웨이가 있다. 보스턴의 에메랄드 목걸이는 보스턴과 매사추세츠 브루클린에 걸쳐 있는 공원 도로와 수로의 공원 체인이다. 면적 4.5㎢다. 그린벨트와 그린웨이의 중간적 특성을 보인다. 이곳의 퍼브릭 공원은 시민들이 「에네랄드 목걸이의 보석」으로 선호하며 즐겨 찾는 곳이다.[26] 그림 2.9

---

26 https://en.wikipedia.org/wiki/Urban_growth_boundary
    https://www.oregonmetro.gov/urban-growth-boundary
    https://en.wikipedia.org/wiki/Greenbelt_Alliance/The_Jungle_(Seattle)
    https://en.wikipedia.org/wiki/Chicago_park_and_boulevard_system
    https://en.wikipedia.org/wiki/Staten_Island_Greenbelt/Emerald_Necklace

그림 2.9 미국 뉴욕 스태튼 아일랜드 그린벨트와 보스턴 퍼브릭 가든

출처: 위키피디아.

02 캐나다

　캐나다에는 수도 오타와와 나이아가라 폭포 인근에 그린벨트가 설정되어 있다. 오타와 그린벨트(Ottawa Greenbelt)는 온타리오주 오타와를 가로지르는 보호 녹지대다. 오타와 중심부는 그린벨트로 둘러싸여 있다. 면적 203.5 ㎢다. 그린벨트는 오타와 시내 팔러먼트 힐에서 8km 이내에 위치하고 있다. 폭은 2-10km다. 오타와 도시화 지역과 동일한 면적이다. 서쪽 셜리스 베이와 동쪽 그린스 크릭까지 녹지, 숲, 농장, 습지로 구성되어 있다. 공공 소유 그린벨트로 규모가 크다. 온타리오 동부 생태학 다양성이 보존된 지역이다. 그린벨트 내 부동산 개발은 엄격하게 통제된다. 그린벨트는 1950년 오타와 마스터플랜의 일환으로 제안되어 1956년 성안됐다. 1898년 하워드의 전원도시와 1944년 아버크롬비의 대런던계획을 기반으로 조성됐다. 1956-1966년 기간 연방 정부는 토지를 구입하고 수용했다. 설정 목적은 ① 도시 확장을 방지하고 ② 농장, 자연 지역, 정부 캠퍼스의 향후 개발을 위해 열린 공간을 마련하는 것이었다. 500,000명이 거주할 수 있는 면적을 개발 제한하도록 의도했다. 1961년 버려진 농경지와 한계 농지를 재삼림화(再森林化)했다. 재삼림화의 결과로 파인 그로브(Pine Grove)와 피니(Pinhey) 숲이 조성됐다. 1970년대에 메르블루 습지, 스토니 늪 등이 보호되어 생물 다양성이 증가했다.그림 2.10

그림 2.10 캐나다 오타와 그린벨트, 트레일 마커, 지도

출처: 위키피디아.

온타리오 그린벨트(Ontario Greenbelt)는 광역 토론토 지역과 나이아가라 반도, 브루스 반도 일부를 둘러싸고 있다. 온타리오주 남부에 위치한 녹지, 농지, 숲, 습지, 유역 등을 보호하는 지역이다. 나이아가라 황금 말굽(Golden Horseshoe)의 상당 부분을 에워싸고 있다. 면적 810,000ha다. 2005년 조성됐다. 광역 토론토 주변 지역은 인구 증가로 계속 성장하는 지역이다. 온타리오 그린벨트는 도시 개발 압력으로부터 주변 농촌, 나이아가라 급경사면, 오크리지 빙퇴석을 보호한다. ① 주변 농촌의 주요 농업 지역, 특수 작

물 지역, 농촌 지역으로 식별된 농촌을 지켜준다. 당근, 양파, 야채를 생산하는 홀랜드 습지(Holland Marsh)를 보호한다. 과일, 채소, 유제품, 쇠고기, 돼지고기, 가금류, 와인용 포도가 지역 전역에서 생산된다. ② 나이아가라 급경사면(Niagara Escarpment) 생물권 보전지역은 길이 725km, 높이 500m의 지질 구조다. 4억 5천만년 전 미시간 분지의 해안선으로 시작됐다. 1990년 캐나다의 15개 유네스코 세계 생물권 보전지역 중 하나로 지정됐다. 다양하고 독특한 생물종을 보전한다. 주요 휴양지도 보호한다. ③ 오크리지 빙퇴석(OakRidges Moraine)은 피터버러 근처 칼레돈과 라이스 호수 사이의 1,900㎢ 면적에 걸친 지리 영역이다. 빙퇴석은 하천, 습지, 호수, 연못, 집수 지역, 누출 지역, 샘, 대수층, 기타 재충전 지역으로 구성된 수문학 시스템이다.[27]

03 브라질

브라질 상 파울루에는 2020년 기준으로 1,521㎢ 면적에 12,400,232명이 거주한다. 광역 상파울루에는 2022년 기준으로 7,947㎢ 면적에 20,743,587명이 산다. 1994년 150,000명의 서명을 받아 브라질 상파울루 그린벨트 생물권보전지역(Green Belt Biosphere Reserve, GBBR)이 지정됐다. 광역 상파울로와 산토스를 포함한 73개 자치단체에 걸쳐 있다. GBBR은 상파울루에서 약

---

27 https://en.wikipedia.org/wiki/Greenbelt_(Ottawa)/Greenbelt_(Golden_Horseshoe)
    https://en.wikipedia.org/wiki/National_Capital_Region_(Canada)/Greater_Toronto_Area

10km 떨어져 있다. 면적은 6,000㎢다. 1994년 유네스코는 브라질 상파울루 그린벨트를 생물권보전지역으로 인정했다. GBBR은 브라질 대서양 열대 우림의 다양한 종이 서식하는 중심지다. 검은짖음부리, 쿠거, 황갈색눈썹올빼미 등의 특정 조류도 산다. GBBR에 칸타레이라 주립공원이 있다. 면적은 7,916.52ha다. 공원은 19세기 말부터 상파울루 시의 물 공급을 했다. 2016년 기준으로 칸타레이라 급수 시스템은 8,800,000명에게 서비스를 제공한다. 1899년 공원은 삼림 보호구역으로 지정됐다. 1962년 칸타레이라 주립공원으로 바뀌었다. 유네스코는 1994년 이 공원을 상파울루 그린벨트 생물권보전지역의 핵심으로 인정했다. 2009년 기준으로 공원에는 매년 60,000명이 방문한다. 대부분 울창한 산간 우림으로 덮여 있다. 숲의 식물군 중 650종은 속씨식물, 1종은 겉씨식물, 27종은 양치류다. 공원에는 866종의 동물군이 서식하고 있다. 척추동물은 388종이다. 그 중 포유류가 97종, 조류가 233종, 양서류가 28종, 파충류가 20종, 어류가 10종이다. 무척추동물은 벌 91종, 거미류 303종, 개미 62종, 쿨리과 22종 등 478종이다.[28] 그림 2.11

---

28 https://en.wikipedia.org/wiki/S%C3%A3o_Paulo/Greater_S%C3%A3o_
    Paulo
    https://en.wikipedia.org/wiki/Cantareira_State_Park
    https://en.unesco.org/biosphere/lac/saopaulo-greenbelt

그림 2.11 브라질 상파울루 그린벨트 생물권보전지역과 칸타레이라 주립공원

출처: 위키피디아.

04 도미니카 공화국

산토도밍고는 도미니카 공화국의 수도다. 정식 명칭은 산토도밍고 데 구스만(Santo Domingo de Guzmán)이다. 1496년 크리스토퍼 콜럼버스의 동생인 바르톨로뮤 콜럼버스에 의해 건설됐다. 도시 이름은 스페인어로 '성(聖) 도미니코'를 뜻한다. 도미니카 공화국에는 국가 지구(Distrito Nacional. National District, ND)가 있다. 수도인 산토도밍고를 관할하는 행정 구역이다. 2001년

국가 지구로 설정됐다. 1개 지방 자치체다. 도미니카 수도는 산토 도밍고데 구즈만 시가 위치한 국가 지구 전체를 포괄한다. 2022년 기준으로 91.58㎢ 면적에 1,029,110명이 거주한다. 수도권인 광역 산토 도밍고의 인구는 4,274,651명이다.

광역 산토 도밍고에는 산토 도밍고의 외부 경계 전체를 둘러싼 산토 도밍고 그린벨트(Santo Domingo Greenbelt)가 있다. 그린벨트 설정 목적은 ① 산토도밍고의 물과 자연을 보호하고 ② 수도 주변의 공원을 보전하며 ③ 정착지 확장을 규제하는 데 두었다. 그린벨트를 설정은 미국 국립공원 모델에 기반했다. 그린벨트의 대부분은 국가 지구를 둘러싸고 있는 산토도밍고 주에 위치하고 있다. 산토도밍고 그린벨트 지역은 ① 하이나강 지역 ② 구즈만 스트림 ③ 만자노 스트림 ④ 이사벨라 강 지역 ⑤ 오자마강 지역 ⑥ F. 로스 우메달레스 ⑦ 카송 스트림 ⑧ 오리엔탈 존 등 8개의 보호 구역으로 나누어져 있다. 국립 식물원, 미라도르 델 노르테 공원, 미라도르 델 에스테 공원 등의 공원으로 구성되어 있다. 만지노 스트림은 인구 압박으로 교외화가 진행되고 있다. 이사벨라 강과 오자마 강 주변은 오염 문제가 생기나 합리적인 관리가 이루어지지 못하고 있다. 델 에스테 국립공원의 계획과 경계 지정에는 연안해역이 포함되지 않았다. 지역 사회가 물을 사용하고 어업하기를 원했기 때문이다.[29]

---

29 https://en.wikipedia.org/wiki//Santo_Domingo/Santo_Domingo_Greenbelt
   https://es.wikipedia.org/wiki/Distrito_Nacional

• • •

제3절

대한민국과 아시아

01 대한민국

1971년 대한민국 박정희 대통령이 주관하여 그린벨트를 설정했다. 새로운 도시계획법과 함께 「개발제한구역」의 개념으로 그린벨트를 설치했다. 서울 등 7개 대도시권과 7개 중·소도시권 총 14개 도시권을 개발제한구역으로 묶었다. ① 대도시 확장 방지 ② 환경과 천연 자원 보호 ③ 농지 보호 ④ 불법 투기 통제 ⑤ 국가 안보 ⑥ 도시 인프라 여유지 확보 등을 위해서였다. 개발제한구역 설정으로 재산권 등의 문제가 제기됐다. 1989년 환경 평가를 통해 7개 중·소 도시의 개발제한구역은 해제됐다. 7개 대도시권은 부분적으로 조정되어 오늘에 이른다.[30]

---

30 대한민국의 그린벨트는 본서 「제3장 대한민국의 그린벨트」에서 자세히 다루기로 한다.

02 이란

    테헤란은 대기 오염이 심하다. 두 개의 단층선 근처에 위치해 있다. 자동차, 산업공해, 오토바이, 소음, 온실가스 배출, 열 발생 기기, 바람 부족, 낮은 강수량, 오염 물질 증가로 환경 오염을 겪었다. 테헤란 공원 녹지 조직(Tehran Parks and Green Space Organization, TPGSO)이 구성됐다. 테헤란 주변에 그린벨트를 설정해 대응했다. 인구 증가에 따른 불균형한 도시 확장과 녹지 공간을 확보하기 위한 조치였다. 조림과 공원을 조성했다. 나무는 자생종과 가뭄에 강한 종을 심었다. 1,800m 이상의 고지에는 페르시아 테레빈유, 산사나무, 물푸레나무를 식목했다. 그린벨트 면적은 1979년 이슬람 혁명 때 29㎢였으나 2017년 530㎢로 확대됐다. 도시와 교외지역의 공원 수는 1979년 75개에서 2017년 2,211개로 늘어났다. 공원은 근린 공원, 지역 공원, 지구 공원, 도시 공원, 선형 공원, 지역 초월 공원 등 다양했다. 도시의 1인당 녹지 면적은 1979년 이전의 1㎡에서 16.25㎡로 늘어났다. 녹지공간에 물 공급을 하기 위해 431개의 우물, 45개의 수로, 1개의 샘을 복원했다. 그린벨트로 도시의 습도 수준과 강수 확률이 높아져 여름 기온이 최대 4℃까지 낮아졌다. 테헤란 지방자치단체는 그린벨트를 매년 10㎢씩 늘리겠다고 했다.[31] 그림 2.12

---

31   https://en.wikipedia.org/wiki/Green_belt/Tehran
     https://en.irna.ir/news/83293266/Plantation-of-Tehran-Green-Belt-to-complete-in-5-years
     https://use.metropolis.org/case-studies/sustainable-development-of-tehran-city-green-space

그림 2.12 이란 테헤란의 그린벨트

출처: 위키피디아.

　이란 북동쪽에 성지 마슈하드(Mashhad)가 있다. 2016년 기준으로 351㎢ 면적에 3,372,090명이 거주한다. 이곳에 연간 순례자와 관광객 20,000,000명이 들어온다. 마슈하드 기후는 춥고 반건조하며 여름은 덥다. 연간 강수량이 약 250mm에 불과하다. 강수량이 급격히 감소해 물 부족에 직면해 있다. 1990년부터 도시 남부 고지대에 27km 길이의 남부 순환도로를 짓기 시작했다. 시민들의 교외 고속도로 접근을 용이하게 하고 도심 거리의 교통 부하를 줄이기 위해서였다. 그러나 20년이 지나면서 이 고속도로가 주변 환경과 고지대의 특성에 부정적인 영향을 미치는 것으로 나타났다.

2018년 환경 보호와 시민 권익을 보호하기 위해 순환고속도로 개발을 중단했다. '교통벨트'를 「그린벨트」로 전환하기 위해 다목적 공원, 자연산악공원 조성 등의 환경 보호 프로젝트가 수립됐다. 이 프로젝트는 시민들에게 문화, 유목민, 농촌 생태계를 연결할 수 있는 공간을 제공하려 했다. 자연산간 지역 내 여러 공원은 가족이 자연과 접촉할 수 있는 안전한 공간을 제공하도록 설계됐다. 이들 공원은 서로 연결되어 지속적인 녹지대를 형성하도록 했다.[32]

03 일본

일본의 그린벨트 패러다임은 1923년 관동 대지진과 1941년 2차 세계대전을 겪으면서 출발했다. 지진과 전쟁 등 재해로부터 도시 시설과 인명보호를 위한다는 의도였다. 시 외곽 지역에 공지를 조성해 대피용 시설용지로 사용했다. 전쟁 이후 도쿄 등 대도시가 급성장하면서 대도시의 무질서한 확산과 연담도시화를 막아야 한다는 의견이 제시됐다.

1956년에 「수도권 정비법」을 제정해 그린벨트와 같은 개념으로 「근교지대」를 설정했다. 이 법에 따라 1958년 수도권정비계획을 수립했다. 영국의 대런던계획을 모델로 수도권을 기성시가지, 근교지대, 주변지역으로 구분했다. 도심으로부터 10-15km 범위에 폭 10km의 녹지대를 근교지대로

---

32 https://en.wikipedia.org/wiki/Mashhad
   https://aiph.org/green-city-case-studies/mashhad-iran/
   https://aiph.org/floraculture/news/mashhad-green-belt/

설정했다. 대도시 확장을 막는 그린벨트였다.

그러나 급속한 산업화와 도시화로 시 외곽 녹지에 대한 개발압력이 높아졌다. 뿐만 아니라 국가 전체적으로 개발지상주의적 분위기가 팽배했다. 결국 개발압력을 견디지 못하고 근교지대 지정을 포기했다. 시 외곽녹지는 「개발유보지」로 지정됐다. 국가주도적인 급속한 산업화와 그에 따른 산업용지의 필요성이 크게 대두됐기 때문이다. 도쿄를 중심으로 대도시지역에 대한 개발압력이 높았다. 대도시 외곽의 녹지는 개발압력과 지가폭등으로 지역주민과 토지소유자의 반발에 부딪쳤다. 지방정부는 녹지보전을 실시하려는 국가정책에 대해 비협조적이었다.

급기야 1965년 수도권정비법 개정이 이루어졌다. 개발규제가 대폭 완화된 「근교정비지대」가 새로 도입됐다. 사실상 종전 녹지 성격의 근교지대는 없어지게 됐다. 1968년 「도시계획법」을 다시 개정했다. 일정기간을 정해 도시개발을 억제할 수 있는 「시가화 조정구역」 제도를 도입했다. 그러나 시가화조정구역에서도 개발행위가 허용되었다. 이런 연유로 실질적으로 그린벨트 역할을 하는 지역은 더 이상 존재하지 않게 됐다.

일본 그린벨트정책의 와해는 ① 녹지대의 필요성에 대한 일반인의 낮은 인식과 시급한 주택공급문제 때문이다. 일본은 환경보전보다 경제개발을 우선시했다. 도시화와 경제개발에 따른 택지개발의 압력이 매우 컸다. 전후 주택난에 시달리던 대도시 주민은 친환경적인 개발보다는 시급한 주택난을 해결해 줄 것을 바랐다. 이에 택지공급을 제한하는 어떠한 정책도 시행하기 어려웠다. ② 투기현상과 세수증대를 바라는 지자체의 요구 때문이다. 주택과 택지부족으로 근교지역에서 개발이익을 노리는 투기현상이 성행했다. 또한 지방자치단체 스스로가 주택과 공장을 유치해 세수를 증가시키려고 토지개발을 주도했다. ③ 재산권 규제에 대한 주민의 반대운동이 심했기 때문이다. 정부가 근교지대의 규제법령과 보상규정을 마련하기도 전에 주민들의 극심한 반대운동이 전개됐다. 지주들은 근교지대 설정으로 토지거래가 힘들어졌다. 개발규제에 대한 손실보상이 이루어지지 않아 불만이 높았다. ④ 중앙정부와 녹지보전 세력들이 근교지대를 지키려는 확고한 의지가 부족했기 때문이다.[33]

---

33 권용우 외, 2013, 그린벨트: 개발제한구역연구, 박영사. pp. 27-28.
https://namu.wiki/w/%EA%B0%9C%EB%B0%9C%EC%A0%9C%ED%95%9C%EA%B5%AC%EC%97%AD

대한민국의 그린벨트

대한민국 그린벨트의 전개과정

01 그린벨트 제도의 도입과 전개

대한민국은 1960년대 이후 성장주도정책을 추진했다. 급속한 산업화와 도시화로 인해 대도시 지역으로 인구와 산업이 집중했다. 1970년대에 이르러 서울을 중심으로 서울 주변지역에 대규모 주택 단지가 조성됐다. 서울·인천·경기도로 구성된 수도권으로의 순 전입 인구가 2,000,000명을 넘었다. 정부는 인구 억제를 위한 여러 정책을 시도했으나 실효성을 거두지 못했다. 이에 정부는 도시로의 인구 집중을 억제하기 위해 그린벨트 제도를 도입했다. 그린벨트 제도를 도입하면서 영국의 그린벨트와 일본의 근교지대(近郊地帶) 및 시가화 조정구역(市街化 調整區域)을 참조했다.

그린벨트는 ① 도시의 무질서한 확산을 방지하고, ② 도시주변의 자연환경을 보전하며, ③ 도시민의 건전한 생활환경을 보호하기 위해 도시주변에 설정한 녹지지대다. 그린벨트는 도시공간의 과도한 개발을 차단하고 억제하는 일종의 공지(open space)로 획정된 구역이다.[1] 그린벨트는 도시계획법상 개발제한구역으로 표현하고 있는 법률용어와 동일한 개념이다. 그린벨트는 외국의 도시계획에서 말하는 계획 용어다.[2] 대한민국의 그린벨트는 안보상의 정책적 실천수단으로 설정한 측면이 있다.

1971년 『도시계획법』에 의해 지정된 우리나라 그린벨트의 지정 목적은 네 가지다. ① 도시구역의 한계를 정하여 도시에 지나치게 인구가 많이 모이는 것을 막는다. 도시가 무질서하게 확장해 나가는 것을 방지한다. 살기 좋고 규모 있는 도시를 계획적으로 발전시킨다. ② 도시주변이 울창한 숲으로 이루어진 아름다운 자연경관을 만든다. 이를 통해 도시민의 건전한 생활환경을 마련한다. ③ 도시주변의 일정한 구역에서 주택, 공장 등과 같은 인구집중을 가져오는 시설을 엄격히 제한한다. 전통적인 우리 농촌풍경을 잘 지켜 나간다. ④ 인구집중요인인 주택과 산업시설의 제한을 통해 주택과 산업을 분산시킨다. 이를 통해 전국토의 고른 발전을 꾀한다.[3]

---

1 장세훈, 1992, 구역관리의 문제점과 개선방향, 현안분석, 국회입법자료실.
2 김의원, 1981, "그린벨트의 역사적 의의," 도시문제 3: 8.
3 김태복, 1993, "우리나라 그린벨트의 설치배경과 변천과정," 도시문제 298.

개발제한구역의 도입과 지정(1971)

  국토 문제는 국민의 재산권이 걸린 문제다. 이런 연유로 국토 문제는 한 나라의 최고 권력자나 권력자 집단의 의지가 결정적인 영향력을 행사한다.

  러시아의 표트르 대제는 상트페테르부르크 신도시를 건설해 수도로 삼았다. 영국의 빅토리아 여왕은 해양을 개척해 영국을 세계 강국의 반열에 올려놓았다. 미국의 루즈벨트 대통령은 TVA를 통해 대공황을 극복했다. 독일의 지도자들은 라인 강을 잘 관리해 독일 부흥의 기적을 만들었다. 프랑스 지도층은 대혁명을 기념해 에펠탑과 신도시 라데팡스를 건설했다. 우리나라에서는 세종시대에 국토에 관한 연구와 정책집행이 매우 체계적으로 진행되었다. 이러한 전통은 영·정조 시대 정약용의 수원축성으로 꽃을 피웠다. 조선시대 지도층은 치산치수(治山治水)를 중시했다. 대한민국에 이르러 국정 집행자가 선도하여 국토건설, 개발제한구역 지정, 세종시 건설 등을 이뤄냈다(출처: 권용우, 2013, "창조국토시대," 국토지리학회지 47(2)).

  이 가운데 개발제한구역은 박정희 대통령에 의해 주도되었다. 1971년 6월 12일에 직접 스케치한 수도권 마스터플랜 개념도와 메모가 있다.그림 2.13 1971년 지정 이후 우리나라의 개발제한구역은 무문별한 도시 확산을 방지하고 자연환경을 보전하는 기능을 적절히 수행해 온 것으로 평가된다.

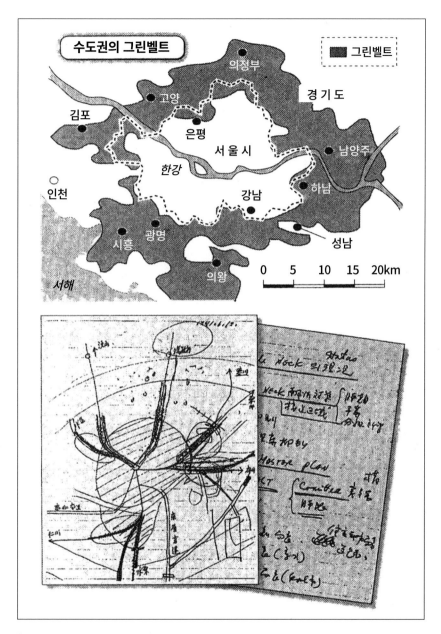

그림 2.13 박정희 대통령이 1971년 6월 12일에 직접 스케치한 수도권 마스터플랜 개념도와 메모

출처: 중앙일보.

1971년 1월 19일 『도시계획법』을 개정해 「개발을 제한하는 구역」으로서의 그린벨트를 지정할 수 있는 법적 근거를 마련했다. 그린벨트는 1971년 7월 30일 서울을 시작으로 1977년 4월 18일 여천지역에 이르기까지 8차에 걸쳐 진행됐다. 대도시, 도청소재지, 공업도시, 자연환경 보전이 필요한 도시 등 14개 도시권역에 설정됐다. 그린벨트 지정 당시 그린벨트 총 면적은 5,397.1㎢였다. 전 국토의 5.41%에 해당됐다. 행정구역으로는 1개 특별시, 5대 광역시, 36개 시, 21개 군에 걸쳐 지정됐다.[4]

표 3.1, 표 3.2, 그림 3.1

그린벨트로 지정된 구체적인 지역은 ① 서울·부산·대구 등 인구집중 억제가 필요한 대도시지역 ② 장래에 무질서한 팽창이 이루어질 수 있는 도청소재지 ③ 정부가 추진하고 있는 국가 주요산업으로 인하여 급속한 도시화가 예상되는 산업도시 ④ 보존필요성이 높은 관광자원과 자연환경을 가진 도시 등으로 한정했다. 기존 집단취락지역은 가능한 제외했다.

---

4 권용우 외, 2006, 수도권의 변화, 보성각, p. 250.

표 3.1 그린벨트 대상지역, 지정일자, 지정면적, 지정목적, 1971-1977

구분		대상지역	지정일자	지정면적	지정목적
7개 대도시권	수도권	서울특별시 인천광역시 경기도	1차: 1971. 7.30 2차: 1971.12.29 3차: 1972. 8.25 4차: 1976. 12.4	463.8㎢ 86.8㎢ 768.6㎢ 247.6㎢	서울시의 확산방지 안양 · 수원권 연담화 방지 상수원보호, 도시연담화방지 안산신도시 주변 투기방지
			1566.8㎢		
	부산권	부산광역시 경상남도	1971.12.29	597.1㎢	부산의 시가지 확산방지
	대구권	대구광역시 경상북도	1972. 8.25	536.5㎢	대구의 시가지 확산방지
	광주권	광주광역시 전라남도	1973. 1.17	554.7㎢	광주의 시가지 확산방지
	대전권	대전광역시 충청남 · 북도	1973. 6.27	441.1㎢	대전의 시가지 확산방지
	울산권	경상남도		283.6㎢	공업도시 시가지 확산방지
	마산 창원 진해권	경상남도		314.2㎢	도시 연담화 방지 산업도시주변 보전
7개 중소도시권	제주권	제주도	1973. 3.5	82.6㎢	신제주시의 연담화 방지
	춘천권	강원도	1973. 6.27	294.4㎢	도청소재지 시가지 확산방지
	청주권	충청북도		180.1㎢	도청소재지 시가지 확산방지
	전주권	전라북도		225.4㎢	도청소재지 시가지 확산방지
	진주권	경상남도		203.0㎢	관광도시주변 자연환경 보전
	충무권	경상남도		30.0㎢	관광도시주변 자연환경 보전
	여천권	전라남도	1977. 4.18	87.6㎢	도시 연담화 방지 산업도시 주변 보전
계				5,397.1㎢	국토면적의 5.41% 해당

출처: 국토개발연구원, 1996, 국토 50년: 21세기를 향한 회고와 전망, p. 464를 바탕으로 재작성.

표 3.2 그린벨트의 시군별 구역, 면적, 비율, 1998

(단위: ㎢, %)

구역		1특별시+5개 광역시(45개 구), 36개시	21개군	그린벨트	
				면적 5,397.1	비율 100
7개 대도시권	수도권	서울(19), 인천(6), 시흥, 광명, 부천, 고양, 의정부, 남양주, 구리, 하남, 성남, 과천, 의왕, 군포, 안양, 수원, 안산, 용인	양평, 양주, 화성, 광주, 김포	1,566.8	29
	부산권	부산(5), 김해, 양산	기장	597.1	11.1
	대구권	대구(5), 경산	달성, 칠곡, 고령	536.5	10
	광주권	광주(5), 나주	담양, 화순, 장성	554.7	10.3
	대전권	대전(5), 공주, 논산	옥천, 금산, 연기	441.1	8.2
	울산권	울산		283.6	5.3
	마창진권	마산, 창원, 진해, 창원	함안	314.2	5.8
7개 중소도시권	제주권	제주	북제주	82.6	1.5
	춘천권	춘천	홍천	294.4	5.5
	청주권	청주	청원	180.1	3.3
	전주권	전주, 김제	완주	225.4	4.2
	진주권	진주, 사천		203.0	3.8
	통영권	통영		30.0	0.6
	여수권	여수, 여천	여천	87.6	1.6

출처: 건설교통부, 1998. 10, 개발제한구역현황을 기초로 재작성
　주: 1. 비율은 그린벨트 전체면적에 대한 각 권역의 그린벨트 면적 비율
　　 2. 회색 망으로 표시된 부분은 2002년까지 전면해제가 이루어진 7개 중·소도시권

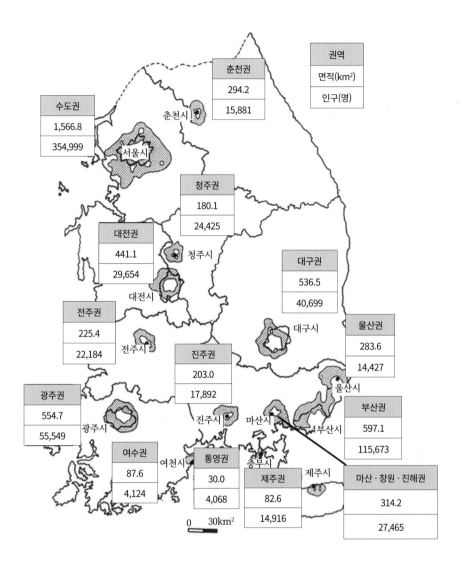

권역		
면적(km²)		
인구(명)		

춘천권
294.2
15,881

수도권
1,566.8
354,999

청주권
180.1
24,425

대전권
441.1
29,654

대구권
536.5
40,699

전주권
225.4
22,184

울산권
283.6
14,427

진주권
203.0
17,892

광주권
554.7
55,549

부산권
597.1
115,673

여수권
87.6
4,124

통영권
30.0
4,068

제주권
82.6
14,916

마산·창원·진해권
314.2
27,465

0   30km²

그림 3.1 그린벨트 지정현황도, 1978

출처: 국토교통부 비치자료로 재작성.
주: 충무시는 1955–1995년까지 존속하다가 통영시로 바뀜.

대한민국의 그린벨트는 1997년 12월 제15대 대통령선거를 계기로 큰 변화를 가져왔다. 당시 김대중 대통령 후보자가 선거공약으로 그린벨트 구역조정을 내걸었다. 그린벨트 조정을 공약했던 후보자가 대통령에 당선됐다. 1998년 건설교통부 주관으로 그린벨트 제도개선이 추진됐다. 1999년 7월 부분조정 정책이 발표됐다. 수도권 등 7개 대도시권 가운데 구역설정 시 집단취락 관통 설정에서 불합리한 구역지정지역은 우선해제한다고 천명했다. 우선해제 지역면적은 1,103.1㎢로 구역전체면적 5,397.1㎢의 20.4%였다. 해제지역의 경우 총 해제면적의 56.3%를 보전녹지로 지정했다. 개발이 가능한 시가화 예정용지 등은 0.7% 수준으로 제한했다. 그리고 7개 중소 도시권은 전면 해제했다. 표 3.2, 표 3.3 전면 해제한 7개 중소 도시권의 경우 시가화 예정용지를 해제면적의 0.7%인 7.7㎢로 한정했다. 나머지 지역은 보전지역, 자연지역, 생산지역으로 존치시켰다. 부분 조정된 7개 대도시권의 개황은 [그림 3.2]와 같다.

표 3.3 7개 중소도시권의 해제내용, 각 용도별 면적과 비율

(단위: ㎢, %)

내용	보전녹지	자연녹지	생산녹지	시가화 예정용지	계
면적	620.4	331.1	143.9	7.7	1,103.1
비율	56.3	30.0	13.0	0.7	100.0

출처: 환경부, 2003, 『개발제한구역의 효율적 관리방향』을 바탕으로 재작성.

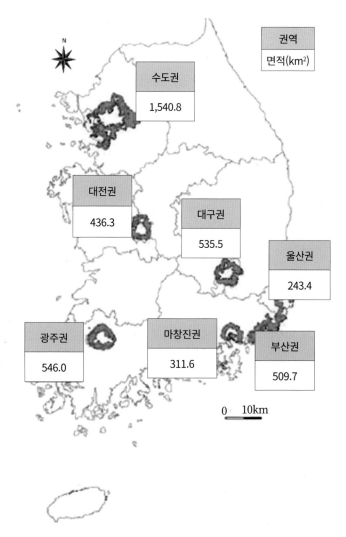

권역
면적(km²)

수도권
1,540.8

대전권
436.3

대구권
535.5

울산권
243.4

광주권
546.0

마창진권
311.6

부산권
509.7

0   10km

그림 3.2 그린벨트 해제 이후 변화된 지정현황도, 2006

출처: 건설교통부, 2006, 개발제한구역 실태 조사 및 관리개선방안 연구, p. 54.

1998-2015년 기간에 그린벨트 구역 변화는 각 정부마다 달랐다. 김대중 정부(1988-2002)는 2000년『개발제한구역법』을 제정하고, 7대 중소도시권 대부분을 해제하는 등 그린벨트에 대한 최초의 대규모 제도개선을 추진했다. 국토의 5.41%인 그린벨트 5,397㎢에서 국토의 14.5%인 781㎢를 조정해 국토의 4.63%인 4,616㎢가 존치됐다. 노무현 정부(2003-2007)는 주민불편 해소를 위해 잔여 중소도시권과 집단취락지구를 중심으로 해제했다. 국민임대 등 국책사업을 위해서도 해제를 추진했다. 국토의 4.63%인 그린벨트 4,616㎢에서 국토의 12.1%인 654㎢를 조정해 국토의 3.97%인 3,962㎢가 존치됐다. 이명박 정부(2008-2012)는 권역별 해제가능총량을 추가배정했다. 불법행위에 대한 이행강제금 기준을 신설하고, 훼손지 복구제도를 도입해 구역관리를 강화했다. 국토의 3.97%인 그린벨트 3,962㎢에서 국토의 1.6%인 88㎢를 조정해 국토의 3.88%인 3,874㎢가 존치됐다. 박근혜 정부(2013-2015)는 주민지원과 지역현안사업을 위해 입지규제를 완화하고, 해제권한을 지자체에 위임하는 등 규제완화를 추진했다. 행복주택과 뉴스테이 등 국책사업에 대해서도 지원했다. 국토의 3.88%인 그린벨트 3,874㎢에서 국토의 0.3%인 15㎢를 조정해 국토의 3.87%인 3,859㎢가 존치됐다. 1998-2015년 기간에 국토의 28.5%가 조정됐다.[5]

---

5   국토교통부 비치자료. 2016년 7월 21일.

02 1998년의 그린벨트 실태

그린벨트 내에는 다른 제도에 의해 중복 지정된 구역이 있다. 중복 지정된 구역은 그린벨트 전체의 24.0%인 1,283㎢다. 상수원보호구역과 군사시설보호구역이 8%이고, 농업진흥지역이 3.7%이며, 공원이 2.0%다.

그린벨트가 지정되는 지역은 형편에 따라 지정 기준에 약간의 차이가 있다. 그러나 그린벨트를 지정할 때 대체로 다음의 일곱 가지 원칙을 적용했다. ① 원칙적으로 표고 100m 이상의 지역을 대상으로 한다. 수원과 안양 지역의 일부 고속도로변은 표고 200m 이상으로 지정한 곳도 있다. ② 표고 100m 이하의 지역 중 대상(帶狀) 형성과 농경지 보호를 위해서 최소한의 일부 면적을 편입시킨다. ③ 그린벨트 지정 이전에 이미 계획 고시된 공원, 유원지, 녹지지역은 포함 활용한다. ④ 군사시설의 보호 등 안보문제와 관련된 지역은 포함시킨다. ⑤ 기존집단취락은 가능한 한 제외한다. ⑥ 인접 도시와의 연대화 가능성이 있는 지역은 포함시킨다. ⑦ 현재의 개발상태 및 지역 여건 등을 참작하여 일부 지역은 제외한다.

1998년 10월에 건설교통부가 발표한 『개발제한구역 현황』 자료를 기초로, 그린벨트 해제 이전 대한민국 그린벨트의 주요 실태를 살펴보면 다음과 같다.

1) 인구와 가구

표 3.4 그린벨트의 인구수, 가구수, 가구당 인구수, 1998

구분	단위	전국	구역전체	대도시권	중소 도시권	(수도권)
인구수 구성비 가구당 인구수	천명 % 명	46.43 – 3.6	742 (100) 3.0	611 (82.3) 3.0	131 (17.7) 3.3	355 (47.8) 2.9
가구수 구성비	천가구 %	12,958 –	245 (100)	205 (83.7)	40 (16.3)	124 (50.6)

출처: 건설교통부, 개발제한구역 현황, 1998년 10월.
　주: 1. 대도시권은 수도권, 부산권, 대구권, 광주권, 대전권, 울산권 등 6개 권역임.
　　 2. 중소도시권은 춘천, 청주, 전주, 여천, 울산, 마산 · 진해, 충무, 제주 등 8개 권역임.

　　1998년 그린벨트 구역 내에는 245,000가구 742,000명이 거주했다. 이는 전국 가구수의 1.9%, 전국 인구의 1.6%에 해당한다. 특히 광역시 이상 대도시권에 205,000가구 611,000명(82.3%)이, 수도권에 124,000가구 355,000명(47.8%)이, 중소도시권에 400,000가구 131,000명(17.7%)이 거주했다.표 3.4

표 3.5 그린벨트의 원거주민과 전입자의 분포, 1998

구분	단위	전체	대도시권	중소도시권	(수도권)
전체	천 명	742	611	131	355
원거주민 구성비	천 명 %	153 (20.6)	109 (17.8)	44 (33.6)	29 (8.2)
전입자 구성비	천 명 %	589 (79.4)	502 (82.2)	87 (66.4)	326 (91.8)

출처 및 주: [표 3.4]와 같음.

1971년 그린벨트 구역 지정 이전부터 살았던 원거주민은 45,000세대 153,000명(20.6%)이었다. 지정 이후 전입자 곧 외지인은 200,000세대 589,000명(79.4%)이었다. 수도권 그린벨트 내 원거주민은 8.2%였다. 외지인은 91.8%의 비율을 점유했다. 대도시권 그린벨트 내의 원거주민은 17.8%였다. 외지인의 비율은 82.2%나 되었다.표 3.5

표 3.6 그린벨트 구역 지정 후 전입자의 거주기간별 추이, 1998

거주기간	단위	구역 전체	전입자 전체	20년 이상	15년 이상	10년 이상	5년 이상	3년 이상	1년 이상
인구	천명	742.0	589.3	39.2	96.9	175.5	291.5	371.3	495.1
전체대비	%	(100)	(79.1)	(5.3)	(13.1)	(23.7)	(39.3)	(50.0)	(66.5)
전입자대비	%	—	(100)	(6.7)	(16.4)	(29.8)	(49.5)	(63.0)	(84.0)
가구	천가구	245.0	200.1	11.7	28.5	52.3	90.0	117.0	162.3

출처 및 주: [표 3.4]와 같음.

1998년에 이르러 외지인들의 전입 비율이 증가했다. 그린벨트 전체 인구와 대비해 볼 때 3년 이상 거주한 사람이 50.0%였으며, 1년 이상 살아 온 사람이 66.5%였다. 그린벨트 전입인구와 대비해 보면 5년 이상이 49.5%, 3년 이상이 63.0%, 1년 이상이 84.0%였다.표 3.6 원거주민 중 자가 거주자가 62.5%, 세입자가 37.5%였다. 지정 이후 전입자 중 자가 거주자가 27%, 세입자가 72%였다. 그린벨트 내 자가 거주자는 75,000가구 256,000명(34.5%)이었다. 세입자는 170,000가구 486,000명(65.5%)으로 1995년 센서스에서 조사된 전국의 세입자 비율 46.7%에 비해 상대적으로 높았다.

2) 토지이용

표 3.7 그린벨트의 면적, 1998

구분	단위	전국	구역 전체	대 도시권	중소 도시권	수도권*
면적 (조사결과)	km²	99,299.8	5,397.1 (5,231.0)	3,979.8 (3,876.0)	1,417.3 (1,354.9)	1,566.8 (1,449.3)
전국대비 구역대비	%	(100)	(5.4) (100)	(4.0) (73.7)	(1.4) (26.3)	(1.6) (29.0)

출처: [표 3.4]와 같음.
주: 면적 중 ( )는 조사결과 집계치임. 결정면적과 차이 166.1km²는 지적오차 및 지적도가 없는 해면 등
일부공유수면 기타 토지대장에 없는 일부토지 등으로 판단됨.

그린벨트 총면적 중 대도시권이 73.7%, 중소 도시권이 26.3%였다. 수도권은 1,566.8km²로 29.0%다.표 3.7

표 3.8 그린벨트의 토지이용, 1998

구분	단위	계	임야	전	답	대지	잡종지	기타
면적 (구성비)	km² %	5,231.0 (100)	3,220.3 (61.6)	426.4 (8.2)	839.3 (16.0)	83.7 (1.6)	72.5 (1.4)	589.5 (11.2)
필지수 필지당면적	천필지 m²	1,903 2,749	263 12,244	400 1,066	581 1,445	198 424	26 2,788	455 1,296

출처 및 주: [표 3.4]와 같음.

그린벨트의 용도별 토지이용을 보면, 임야가 61.6%, 답이 16.0%, 밭이 8.2%의 순으로 대부분이 임야와 농경지로 이용되고 있었다.표 3.8

3) 토지소유

표 3.9 권역별 그린벨트 구역지정 이후 외지인 토지소유 비율, 1998

권역	단위	울산권	대전권	대구권	부산권	광주권	수도권	청주권
전체면적	km²	284	439	541	592	572	1,449	179
외지인소유면적	km²	140	212	252	266	248	623	74
외지인소유비율	%	①49.3	②48.3	③46.6	④44.9	⑤43.4	⑥43.0	⑦41.3

출처: [표 3.4]와 같음.
주: 1. 외지인에는 국가와 지자체는 제외되며, 정부투자기관, 출연기관 등이 포함된 수치.
　　2. 기타권역의 비율은 ⑧춘천권 32.1% ⑨충무권 29.9% ⑩제주권 25.9% ⑪여천권 16.1% ⑫진주권
　　　 14.6% ⑬전주권 12.4% ⑭마산권 11.8% 등임.

　그린벨트 구역지정 이후 전입자는 외지인으로 호칭한다. 외지인이 취득한 토지는 677,000필지 2,330㎢로 전체면적의 44.5%였다. 권역별 외지인의 토지 소유 비율은 울산권, 대전권, 대구권, 부산권, 광주권, 수도권, 청주권 등의 순서로 많았다.표 3.9 구역 지정 이후 외지인 토지 지목은 임야 69.6%, 전 8.3%, 답 16.6%, 대지 1.2%로 임야가 대부분을 차지했다. 구역 지정 이후 외지인의 토지는 임야 69.6%, 전 8.3%, 답 16.6%, 대지 1.2%, 기타 4.2%로 임야가 대부분이었다. 수도권 외지인의 토지 623㎢ 중 지목별 현황을 보면, 임야 66.1%, 전 10.0%, 답 17.3%, 대지 1.8%, 기타 4.7%로 임야가 대부분을 차지했다.

표 3.10 그린벨트의 토지소유실태, 1998

소유 형태	단위	사유지				국공유지			합계
		개인	법인	종중	소계	국유	공유	소계	
면적	km²	3,415	250	393	4,058	929	243	1,172	5,230
(구성비)	%	(65.3)	(4.8)	(7.5)	(77.6)	(17.8)	(4.6)	(22.4)	(100.0)
필지	천필지	1,366	57	50	1,473	304	126	430	1,903

출처 및 주: [표 3.4]와 같음.

토지소유형태별로 보면 사유지 1,473,000필지 4,058㎢(77.6%)였고, 국공유지가 430,000필지 1,172㎢(22.4%)였다. 특히 개인소유 사유지는 65.3%였다.표 3.10

4) 지가

표 3.11 수도권 그린벨트와 주변지역의 지가 비교, 1998

(단위: 천원/㎡)

지역	그린벨트	주거지역	상업지역	공업지역	녹지지역
서울시	73	1,182	4,004	1,023	237
인천시	27	482	900	302	50
경기도	21	536	1,473	373	65

출처 및 주: [표 3.4]와 같음.

서울시 그린벨트 지가는 주거지역의 6.2%, 상업지역의 1.8% 공업지역의 0.7%에 불과했다.표 3.11 1997년 공시지가 기준으로 그린벨트 내 사유지 중 과세대상필지 전체 그린벨트 지가는 46.7조원(11,309원/㎡)이었다. 지목별로 보면 임야 9.8조원, 농경지 22.8조원, 대지 9.9조원, 잡종지 기타 4.2조원이었다. 평균지가는 11,309원/㎡로 전국 평균지가 14,688원/㎡에 비해 다소 낮았다.

그린벨트 정책의 변화과정

01 그린벨트 정책 변화 개괄

1971년 그린벨트가 도입된 이후 1997년까지 그린벨트 정책에는 큰 변화
가 없었다. 그린벨트를 지정하고 유지하며 존치되어야 한다는 초기의 입장
이 유효했다. 그러나 ① 대도시의 주택난과 용지부족, ② 그린벨트 내외의
지가상승 부작용, ③ 원거주민의 손실보상, ④ 대도시지역의 교통혼잡 등
의 문제가 일어나자 그린벨트 조정론이 등장했다.

1997년 김대중 대통령 후보는 대선공약에서 "집권 1년 내에 그린벨트 문
제를 해결하겠다. 필요한 곳은 철저하게 보존하고 필요하지 않은 곳은 풀
겠다."고 천명했다. 대통령에 당선된 이후 그린벨트 조정이 본격적으로 진
행됐다.

1998년 3월 「개발제한구역제도 개선협의회」(이하 협의회)를 만들었다. 협의
회는 지역주민, 환경단체대표, 언론인, 학계전문가, 연구원, 공무원 등 각계

대표 23인으로 구성됐다. 협의회는 6개월간 현장답사, 실태조사, 설문조사, 외국사례조사를 위한 현지답사, 지방자치단체의 의견수렴 등을 수행했다. 다양한 조사와 여러 단계의 회의를 가졌다. 1998년 11월 25일「개발제한구역제도 개선시안」을 발표했다.

개선시안의 주요 내용은 크게 두 가지다. ① 도시의 무질서한 확산과 자연환경의 훼손 우려가 적은 도시권은 지정실효성을 검토해 전면해제한다. 존치되는 도시권은 환경평가를 실시해 보전가치가 적은 지역 위주로 부분 조정한다. ② 해제지역은 계획적인 개발을 유도해 지가상승에 따른 이익을 환수한다. 존치지역은 자연환경 보전원칙으로 철저히 관리 유지한다. 주민 불편을 최소화한다. 필요한 경우 재산권피해를 보상한다.

「개발제한구역제도 개선시안」발표 이후 국민 여론은 그린벨트 해제 여부에 관한 찬반 의견으로 대립했다. 그린벨트 내 거주민은 전면 해제해야 한다고 주장했다. 중소도시권뿐만 아니라 나머지 지역도 환경평가 없이 해제해야 한다고 했다. 이에 대해 환경단체와 환경론자는 중소도시의 전면해제조차도 반대했다. 다만 취락 등 불합리한 지역에 한해서 최소한의 조정이 필요하다는 해제불가론을 폈다.

1998년 12월 24일 헌법재판소는 1989년의「도시계획법」21조가 위헌이라는 헌법소원에 대해 9년만에 헌법불일치 판정을 내렸다. 그린벨트제도 자체는 합법이나 건축이 금지된 나대지나 토지오염 등으로 농사를 지을 수 없는 농지에 대해 보상하지 않는 것은 위헌소지가 있다고 판시했다. 보상방법으로 구역해제, 규제완화, 토지매수 등의 다양한 방안이 있음을 제시했다.

정부는 그린벨트에 관한 국민들의 극심한 갈등국면을 해소하기 위해 나섰다. 헌법재판소의 판결을 계기로 1999년 4월부터 그린벨트의 조정을 전제로 본격적인 개선안 마련에 박차를 가했다.

정부는 ① 기본적으로 그린벨트제도의 골격은 그대로 유지한다. ② 그린벨트가 지정되어 있는 14개 권역에 대해 도시성장 형태, 권역인구성장률, 중심도시와의 연계성 등을 분석하여 전면 해제지역과 부분조정지역으로 구분한다. ③ 각 지역별로 구체적인 관리방안을 마련한다는 개선안을 마련했다.

그린벨트 조정 국면에서 전면해제지역의 경우와 부분조정지역의 경우가 다르게 다루어졌다.

전면해제지역은 도시 확산 압력이 적고 도시주변의 녹지훼손이 적은 지역이 지정되었다. 권역 인구수가 1,000,000명 이하 중소도시권이었다. 제주권, 춘천권, 청주권, 전주권, 진주권, 충무권, 여천권 등 7개 중소도시권이 전면해제 대상지역에 포함됐다. 전면해제지역은 환경평가와 관계부처의 협의를 거쳐 도시계획을 통해 그린벨트를 해제하도록 했다. 해제지역은 보전지역과 개발가능지역으로 조정하도록 했다. 해제권역이라 하더라도 환경평가를 통해 5개 등급으로 분류하도록 했다. 환경평가 상위 1·2등급에 대해서는 보전녹지, 자연녹지, 생산녹지, 공원 등으로 지정하도록 했다. 그리고 부분조정지역 중에서 대규모취락, 산업단지, 경계선 관통지역, 지정목적이 소멸된 고유 목적지역 등의 지역은 우선해제대상으로 했다. 1999년 7월 1일을 기준으로 인구 1,000명 이상인 대규모 취락은 우선적으로 해제되어 자족성을 갖는 생활권을 형성했다.

부분조정지역은 시가지 확산압력이 높고, 환경관리의 필요성이 큰 지역이었다. 수도권, 부산권, 대구권, 광주권, 대전권, 울산권, 마산·창원·진해권 등 7개 대도시권이 해당되었다. 부분조정지역의 경우 환경평가를 통해 보존가치가 높은 상위 1·2등급은 그린벨트로 유지하고, 보전가치가 낮은 4·5등급은 해제지역으로 선정하였다. 3등급의 경우는 지역특성을 감안하여 광역도시계획을 수립하고 그 계획에 따라 그린벨트 또는 도시계획용지로 활용하도록 하였다.

정부는 그린벨트를 해제함에 따라 발생할 수 있는 문제점에 대해 새로운 관리방안을 제시했다. 최우선적으로 친환경도시로의 변화를 위해 무질서한 개발을 방지하고, 친환경적인 개발계획을 수립·추진했다. 또한 그린벨트 해제에 따른 지가상승을 환수하기 위한 방안을 모색했다. 개발 부담금, 양도소득세, 공영개발, 공공시설설치부담 등의 장치를 마련하여 구역조정에 따른 차익을 환수할 수 있도록 계획했다.

그린벨트로 남아있을 지역에 대해서는 각 지역의 지정목적에 맞게 관리하되, 보전에만 치우친 과거와는 달리 보전과 이용에 관해 종합적인 그린벨트 관리계획을 수립해 관리하도록 했다. 또한 그린벨트 주민들의 삶의 질과 생활편익을 위해 해당지역을 취락지구로 지정했다. 이를 통해 건축규제를 완화하고, 각종 지원 사업을 실시했다. 지역 내 공공시설 입지를 제한하기 위해 일정 규모 이상의 건축물과 시설물에 대해서는 구역훼손부담금을 부과시켰다. 뿐만 아니라 부동산 투기억제대책과 장기정책과제로서 토지이용관련 계획제도의 개편방안을 제시했다. 도시계획법과 건축법으로 이원화되어 있는 용도지역 지구제를 도시계획법에 일원화했다. 도시와 인접농촌 지역을 계획적으로 통합관리하기 위해 도시계획법과 국토이용관리법을 도시농촌계획법으로 일원화하는 방안이 제시됐다.

그린벨트제도 개선안이 발표된 후 개선안에 대한 다양한 쟁점이 논의됐다. 그러나 그린벨트에 관한 논쟁은 정책이 시행되면서 상당 부분 해결됐다. 일각에서는 현재 남아있는 그린벨트의 효율적인 관리를 통해 시대에 맞는 그린벨트의 역할과 기능을 찾아보려는 시도가 이루어졌다.

02 그린벨트 정책의 변화단계

대한민국의 그린벨트 정책은 1998년을 분기점으로 전기와 후기를 나눌 수 있다. 전기는 도입정착기로 1971년부터 1998년까지다. 후기는 조정관리기로 1998년부터 2024년 현재까지다.[6]

도입정착기(1971-1998)

대한민국의 그린벨트는 1971년 7월 30일 서울을 시작으로 1977년 4월 여천지역에 이르기까지 8차에 거쳐 지정됐다. 대도시, 도청소재지, 공업도시, 자연환경 보전이 필요한 도시 등 14개 도시권역에 설정됐다. 그린벨트

---

6 권용우 외, 2013, 그린벨트: 개발제한구역연구, 박영사; 박지희, 2011, 전게서.
 한국토지주택공사 토지주택연구원이 국토해양부의 의뢰로 연구한 『개발제한구역 40년』(2011년 12월 간행)에서는 1971-2011년의 40년간 그린벨트의 변천단계를 제도도입기(1971-1979), 규제완화기(1980-1997), 구역조정기(1998-현재) 등 3단계로 나누어 그린벨트의 여러 특성을 설명하고 있다.

정책이 도입된 후 27년간 유지 정착되는 단계를 거쳤다. 그린벨트 정책은 1997년 대통령 선거 이후 변화됐다. 그린벨트의 지정해제와 구역조정 작업이 진행됐다. 1998년 이후 그린벨트의 효율적이고 친환경적인 관리방안에 관한 연구와 정책이 진행되고 있다.

1971-1979년 기간은 그린벨트를 도입하고 정책을 구축하는 시기였다. 1971년 1월 도시계획법을 개정했다. 수도권부터 여수권까지 총 8차에 걸쳐 그린벨트를 지정했다. 1979년 그린벨트 관리규정을 제정했다. 관리규정으로 그린벨트 정책의 안정적 운영이 가능해졌다. 그린벨트 내 행위자들의 사용권과 수익권을 규제하는 정책이 시행됐다.

1980-1997년 기간은 그린벨트 정책을 정착하고 유지하는 시기였다. 이 시기에는 「구역경계지정 불변」이라는 절대원칙을 지키고 유지하기 위해 강력한 규제가 이루어졌다. 그린벨트 내에서 아주 작은 행위규제 완화 정도만 가능한 시기였다. 그린벨트의 엄격한 유지로 인해 도시는 그린벨트를 넘어 주요 간선로를 따라 비지적 확산(leapfrogging expansion)이 나타나기도 했다. 그린벨트 내 개발용지 부족과 관련된 민원이 제기되면서 순차적으로 아주 작은 규모의 규제완화가 전개됐다. 1993년에는 그린벨트 전역에 대한 실태조사를 실시했다. 주민의 생활편익과 공공사업 추진을 위해 소폭의 규제완화가 추진됐다.

조정관리기(1998-2024 현재)

1998-2002년 기간은 그린벨트를 조정하는 시기였다. 1998년 김대중 대통령이 들어선 이후 그린벨트 조정이 이루어졌다. 1999년 7월 건설교통부는

「개발제한구역제도 개선안」을 발표했다. 7개 중소도시권의 전면해제와 7개 대도시권의 부분조정을 진행했다. 2000년 1월 개선안 실현을 위한 근거 법령인 「그린벨트의 지정 및 관리에 관한 특별조치법」을 제정하여 7월 1일부터 시행했다. 2000년 7월에는 「토지매수청구 제도」를 도입 시행했다. 이 시기에서 나타나는 특징 중 하나는 시민환경단체의 참여를 들 수 있다. 시민환경단체는 그린벨트의 전면해제에 반대하며 최소한의 조정이 필요하다고 주장했다. 그린벨트 제도가 보다 효율적인 조정 및 관리를 위한 정책과정으로 변화되는데 의미 있는 역할을 했다고 평가됐다.

2003-2024년 현재까지의 기간은 그린벨트를 관리하는 시기다. 그린벨트 해제가 이루어진 지역에 대한 효율적인 개발과 관리를 도모했다. 존치지역에 대해서는 보전과 관리를 조화시키려 했다. 2008년 「그린벨트 조정 및 관리계획」으로 해제 가능지역과 존치지역에 대한 보다 구체적인 계획을 수립 추진하게 됐다. 보전할 가치가 낮고, 기반시설이 갖추어진 지역은 추가 해제를 추진했다. 이를 통해 지역경제 활성화와 서민 주거복지 확대를 도모했다. 그린벨트를 산업용지와 서민주거용지 등 도시용지로 활용하도록 조정했다. 그린벨트로 계속 보전가치가 있는 지역은 지가상승이나 환경훼손 등의 부작용을 방지하기 위해 훼손부담금제를 강화하고, 공공시설 입지억제 정책을 시행했다.

2010년대 이후에는 국토연구원에서 개발제한구역 연구를 진행하고 있다. 2017년에는 도시공간구조를 고려한 개발제한구역 중장기 관리방안을 연구했다. 대한민국 전체와 도시권별 개발제한구역 해제 제도의 현황과 문제점을 분석하고, 개발제한구역이 도시의 압축개발에 미친 영향을 연구했다. 영국 그린벨트 제도와 미국 포틀랜드 대도시권의 도시성장한계선 제도를 검토한 후, 개발제한구역의 도시성장관리 기능 제고방안과 2020년 이후 개발제한구역 제도의 운영방향을 제시했다. 2019년에는 제한구역 기능 강화를 위한 제도 개선 방안을 연구했다. 개발제한구역의 기능 강화를 위한 중장기 추진과제로 ① 2020년 이후 개발제한구역 조정 원칙 재설정 ② 개발제한구역 해제의 공공성·환경성 강화 ③ 개발제한구역을 활용한 도시 내 매력있는 휴양공간 조성 ④ 엄정하고 체계적인 개발제한구역 관리 원칙 확립 등을 제시했다. 2021년에는 개발제한구역 훼손지 복구제도 개선 방안을 연구했다. 훼손지 복구제도의 현황과 문제점을 분석한 후, 국내·외 녹지 복원과 확충 제도를 검토했다. 훼손지 제도개선 방안으로 ① 훼손지 복구사업의 성격 재규정 ② 복구사업 대상지의 특성에 따른 복구기준 차등화 ③ 복구사업의 실행력 제고 등을 제시했다. 2022년에는 개발제한구역 집단취락 해제지역의 계획적 관리방안을 연구했다. 개발제한구역 집단취락 해제지역 관리제도를 개괄했다. 이어서 개발제한구역 집단취락의 해제 이후 관리실태와 문제점을 분석한 후, 개발제한구역 집단취락 해제지역의 계획적 관리방안을 연구했다.[7]

---

7 김중은 외, 2017, 도시공간구조를 고려한 개발제한구역 중장기 관리방안 연구, 국토연구원; 김중은 외, 2019, 제한구역 기능 강화를 위한 제도 개선 방안 연구, 국토연구원; 김중은 외, 2021, 개발제한구역 훼손지 복구제도 개선 방안 연구, 국토연구원; 김중은, 유재성, 이다예, 이우민, 2022, 개발제한구역 집단취락 해제지역의 계획적 관리방안 연구, 국토연구원.

제3절
그린벨트 정책변화의 내용

　「개발제한구역제도 개선안」은 ① 기본적으로 그린벨트제도의 골격은 그대로 유지하되, ② 그린벨트가 지정되어 있는 14개 권역에 대해 전면해제지역과 부분조정지역으로 구분한다는 내용이다. 전면해제되는 7개 중소 도시권은 제주권, 춘천권, 청주권, 전주권, 진주권, 충무권, 여천권 등이다. 부분조정되는 7개 대도시권은 수도권, 부산권, 대구권, 광주권, 대전권, 우산권, 마산-창원-진해권 등이다. 개선안의 내용은 전면해제와 부분조정에 관한 내용과 그린벨트 해제로 인한 문제점의 대응방안에 대해 검토할 수 있다.

01 전면해제와 부분조정의 내용

표 3.12 7대 중소도시권 그린벨트의 해제과정, 1998-2003

(단위: ㎢)

연도	1998년	2000년	2001년	2002년	2003년
제주권	82.6	82.6	-	-	
춘천권	294.4	294.4	-	-	
청주권	180.1	180.1	180.1	-	전면
여천권	87.6	87.6	87.6	-	해제
전주권	225.4	225.4	225.4	225.4	완료
진주권	203.0	203.0	203.0	203.0	
충무권	30.0	30.0	30.0	30.0	

출처: 국토해양부, 2011, 개발제한구역 40년: 1971-2011, 한국토지주택공사, p. 283을 기초로 재작성.

전면해제의 경우 도시의 무질서한 확산과 자연환경 훼손의 우려가 적은 도시권은 지정실효성을 검토하여 전면적인 해제를 실시하는 내용이다. 전면해제 대상지역은 권역 인구수가 1,000,000명 이하 중소도시권인 제주권, 춘천권, 청주권, 전주권, 진주권, 충무권, 여천권 등이다. 2001년 8월에 제주권과 춘천권 해제를 시작으로 2002년에 청주권, 여천권을 해제했다. 2003년 6월에 나머지 전주권, 10월에 진주권, 충무권을 마지막으로 7개 중소도시권의 해제가 이루어졌다.표 3.12

표 3.13 7개 대도시권의 연도별 그린벨트 해제면적의 변화, 2000-2009

(단위: ㎢)

연도	2000	2001	2002	2003	2004	2005	2006	2007	2008	2009	계
수도권	9,330	2,169	939	9,239	10,767	19,961	41,142	4,075	9,705	6,420	113,747
부산권			86,285	288	5,170	18,164	2,254	1,464	709	5,404	119,738
대구권	–	–	–	1,031	–	1,269	9,046	3,318	680	777	16,121
대전권	–	–	–	3,253	–	1,431	1,343	–	2,013	68	8,108
광주권	–	9		8,763	–	3,895	5,045	698	1,860	139	20,409
울산권	–	–	35,280	4,886	106	1,487		3,893	1,990	168	47,810
마창진권		–		–	4,394	7,164	98	2,519	3,919	691	18,785
계	9,330	2,178	122,504	27,460	20,437	53,371	58,928	15,967	20,876	13,667	344,718

출처: 국토해양부, 2011, 개발제한구역 40년: 1971-2011, 한국토지주택공사, p. 457을 기초로 재작성.

부분해제의 경우 존치되는 도시권은 환경평가를 실시하여 보전가치가 적은 지역을 위주로 부분 해제한다는 내용이다. 2000년 이후 연도별 그린벨트의 해제면적은 2006년 58,928㎢로 가장 많았다. 다음으로 2005년에 53,371㎢가 해제됐다. 권역별로는 2000-2009년까지 부산권이 119,738㎢로 수도권의 113,747㎢보다 5,991㎢가 더 많이 해제되어 권역별에서 가장 많이 해제된 지역으로 나타났다. 같은 시기 동안 부산권과 수도권의 해제 면적이 전체 해제면적 344,718㎢ 중 67.7%인 233,485㎢로 집계됐다.표 3.13

그린벨트 해제 시 해제기준 면적에 관한 내용을 엄격히 제한하고 있다. 그린벨트 해제 면적은 난개발 방지나 상하수도 등 기반시설의 용이성 등을 고려하여 원칙적으로 200,000㎢ 이상의 규모여야 한다고 규정하고 있다. 그리고 친환경적인 해제지역 개발을 위해 도시계획시설로 결정하는 공원이나 녹지 비율을 사업 유형별로 차등 규정하여 공원과 녹지를 확보토록 했다.

표 3.14 권역별 그린벨트 면적과 해제 및 조정지역 면적, 2010

(단위: ㎢, %)

구분	GB면적	해제총량	4, 5 등급비율	조정가능지역비율
수도권	1,566.8	124,507	12.5	8.07
부산권	597.1	54,260	9.0	9.1
대구권	536.6	31,462	4.2	5.86
대전권	441.1	31,279	9.8	8.25
광주권	554.7	45,789	10.9	7.1
울산권	283.6	29,276	7.7	8.4
마창진권	314.2	26,259	10.2	9.17

출처: 국토해양부, 2011, 개발제한구역 40년: 1971–2011, 한국토지주택공사, p. 300을 기초로 재작성.
주: 4–5등급 비율은 그린벨트 환경평가를 통해 개발가능지로 지정된 4–5 등급지의 비율을 의미함.

부분조정지역 가운데 해제할 수 있도록 조치된 조정가능지역은 주목할 만한 내용이다. 2010년 기준으로 권역별 조정가능지역의 비율을 살펴보면 부산권과 마창진권이 가장 높은 비율인 9%대를 보이고 있다. 이들 조정지역은 미래 그린벨트의 해제가능성을 통해 관리를 필요로 하는 지역이라 볼 수 있다.표 3.14

02 그린벨트 해제의 문제점 대응

그린벨트 해제의 문제점을 해결하기 위한 여러 방안이 논의됐다. 해제지역은 계획적인 개발을 유도하도록 제시했다. 지가상승에 따른 이익을 환수하기 위해 개발 부담금, 양도소득세, 공영개발, 공공시설설치부담 등을 실시해 구역조정에 따른 차익도 개발이익에 포함시키는 것을 제시했다.[8] 존치지역에서는 자연환경보전을 철저히 관리 유지하고, 주민불편을 최소화하며, 필요한 경우 재산권피해를 보상해야 한다고 제안했다. 그린벨트는 각 지역의 지정목적에 맞게 관리하되, 보전에만 치우친 과거와는 달리 보전과 이용에 관해 종합적인 그린벨트 관리계획을 수립하고 관리하도록 제시했다.

실제적으로 그린벨트 지역 주민의 삶의 질과 생활편익을 위해 해당지역을 취락지구로 지정해 건축규제를 완화하고 각종 지원 사업을 실시했다. 지역 내 공공시설 입지를 제한하기 위해 구역훼손부담금을 부과했다. 부동산투기억제대책과 장기정책과제로서 토지이용관련 계획제도의 개편방안을 제시했다. 이원화되어 있는 용도 지역지구제를 도시계획법에 일원화하는 등 다양한 측면에서의 변화가 이루어졌다.[9]

---

8 권용우, 2002, 수도권 공간연구, 한울아카데미; 권용우, 2004, "그린벨트 해제 이후의 국토관리정책," 지리학연구 38(3); 권용우, 2004, "그린벨트에 관한 연구동향," 지리학연구 38(4); 송하승, 2008, "개발이익환수와 손실보상을 위한 용적률거래제 도입방안," 국토 319.

9 구도완, 1998, "환경 친화적 개발제한구역정책의 방향," 도시연구 4; 권용우 외, 2005, "친환경적 도시 구현을 위한 개발제한구역의 공영토지매입에 관한 연구," 지리학연구 39(4); 권용우 외, 2005, 개발제한구역의 친환경적 관리를 위한 공영토지매

1971년 이후 전 국토면적의 5.4%인 5,397.1㎢가 그린벨트로 설정되었다. 2012년 12월 기준으로 그린벨트 면적의 28.2%인 1,523.5㎢를 해제하여, 그린벨트는 3,873.6㎢가 존치됐다. 이는 전 국토면적의 3.9%이며, 당초 그린벨트 지정면적의 71.8%가 보전되고 있음을 의미한다. 그린벨트 구역 내 거주 인구는 119,000명이고, 가구는 48,000가구다. 구역 지정 이전부터 거주하고 있는 인구는 11,000명이고, 가구는 4,800가구다. 토지소유는 사유지가 2,868.1㎢로 구역 전체의 73.7%고, 국공유지는 1,018.2㎢로 구역전체의 26.3%다.

입에 관한 연구, 한국토지공사; 김선희, 2006, 그린벨트의 친환경적 보전 및 관리를 위한 내셔널트러스트 도입방안연구, 국토연구원.

제 4 장

수도권의 그린벨트

수도권 그린벨트의 전개과정

01 수도권 그린벨트의 지정

　수도권 그린벨트를 지정하게 된 직접적인 동기는 중심도시인 서울의 과대화다. 서울은 1896-1975년까지 80여 년간 5차에 걸친 시역확장으로 도시문제 해결을 도모했다. 그러나 서울주변지역의 새로운 도시개발은 거역할 수 없는 현실이 되었다. 정부는 상당한 재정지출을 강요받았다. 광역적인 시역확장으로 인구증가가 가중됐다. 1971년 정부는 도시의 평면적 확산을 막기 위해 그린벨트라는 개발제한구역 제도를 도입했다. 수도권 지역에 처음 지정된 그린벨트는 서울시 45개 동, 경기도 1개 시, 5개 군 지역이었다.표 4.1

표 4.1 수도권의 그린벨트 지정지역, 1971

구분		지역명
서울시	동	도봉동, 상계동, 하계동, 신내동, 면목동, 중곡동, 광장동, 암사동, 고덕동, 하일동, 상일동, 길동부동, 오금동, 마천동, 거여동, 장지동, 세곡동, 내곡동, 신원동, 원지동, 자하동, 신림동, 시흥동, 개봉동, 청왕동, 공항동, 온수동, 오쇄동, 오곡동, 과해동, 방화동, 개화동, 구산동, 수색동, 국현동, 불광동, 대조동, 흥지동, 인왕동, 구기동, 평창동, 부암동, 미아동, 수유동, 방학동(45개 동)
경기도	의정부시	장암동, 호원동(2개 동)
	군 양주군	울대리, 교현동, 삼상리, 삼하리, 덕송리, 화첩리, 갈매리, 사도리, 교문리, 수택리, 토평리, 아천리, 수석리(13개)
	광주군	망월리, 풍산리, 초일리, 초이리, 감북리, 광암리, 감일리, 감이리, 상사창리, 학암리, 창곡리, 복정리, 오야리, 신촌리, 심곡리, 고등리, 토저리, 금토리(18개)
	시흥군	청계리, 막계리, 주암리, 포일리, 갈현리, 문원리, 비산리, 신안양리, 일직리, 소하리, 노온사리, 옥길리, 범찰리(13개)
	부천군	괴안리, 벌응절리, 여월리, 학리, 내리, 원종리, 대장리, 상야리, 하야리, 전호리(10개)
	고양군	행주외리, 행주내리, 도내리, 원흥리, 현천리, 덕은리, 화전리, 향동리, 용두리, 동산리, 구파발리, 삼송리, 오금리, 지유리, 진관내리, 진관외리, 북한리, 삼하리, 효자리(19개)

출처: 중앙일보, 1971. 12. 30.
　주: 1971년 서울과 경기지역에 지정된 최초의 그린벨트.

이후 수도권의 그린벨트는 1971년부터 1976년까지 5년 5개월간 서
울·인천·경기의 46개 자치단체에 걸쳐 1,566.80㎢가 지정됐다. 그린
벨트 면적은 서울의 2.3배에 달했다. 수도권 그린벨트는 전국 그린벨트의
29.0%를 점유했다. 서울 주변은 대부분 그린벨트로 둘러쳐졌다. 당시 수도
권 그린벨트 내에는 143,656가구에 467,615명이 거주하고 있었다.표 4.2 지
정기준에 따라 주로 임야 농지 등에 그린벨트가 지정됐다. 대지는 72,131
필지 47㎢에 이르렀다.표 4.3, 그림 4.1

표 4.2 수도권 그린벨트 구역 지정, 1971–1976

구분	내용	
지정일	1971.7.30 – 1976.12.4	
면적	1,566.80㎢(전국 그린벨트 대비 29% 해당)	
가구수 및 인구수	143,656가구 / 467,615명	
해당 시 · 군 · 구	서울	종로, 광진, 중랑, 성북, 강북, 도봉, 노원, 은평, 서대문, 마포, 양천, 강서, 구로, 금천, 관악, 서초, 강남, 송파, 강동(19개)
	인천	남구, 연수구, 남동구, 부평구, 계양구, 서구(6개)
	경기	남양주, 시흥, 광명, 부천, 성남, 안양, 수원, 안산, 구리, 의왕, 과천, 고양, 하남, 군포, 의정부, 용인, 양주, 화성, 양평, 광주, 김포(21개)

출처: 국토해양부, 2011, 개발제한구역 40년: 1971–2011, 한국토지주택공사, p. 116을 기초로 재작성.

표 4.3 수도권 그린벨트 구역 지정 시 토지이용, 1971–1976

구분	전체	임야	전 · 답	대	잡종지	도로 · 하천
면적(㎢)	1,566.80	887	382	47	25	225
필지수	516,962	69,303	254,766	72,131	11,516	109,246

출처: [표 4.2]와 같음.

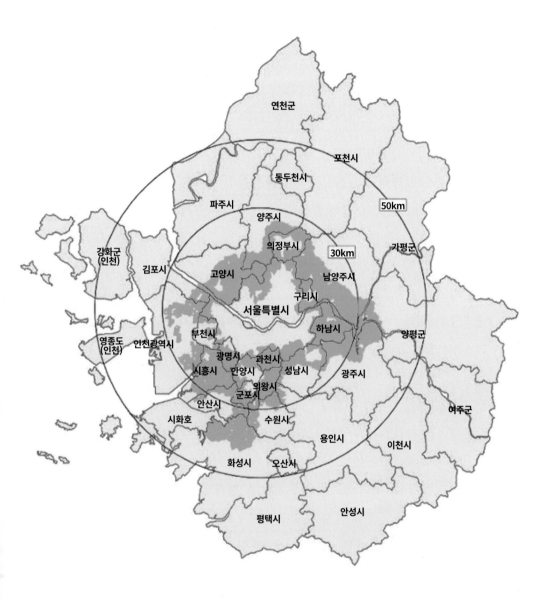

그림 4.1 수도권 그린벨트의 지정

출처: 국토해양부 비치자료.

1971-1997년 기간의 경기도 그린벨트

경기도 그린벨트는 1971년 7월 30일 지정고시를 시작으로 1978년 4월 29일의 지정고시까지 4차에 걸쳐 진행됐다. 1997년 그린벨트 해제 이전의 경기도 그린벨트는 1,302.839㎢였다. 전국 그린벨트 면적 5,397.122㎢의 24.1%, 경기도 전체면적 10,190.2㎢의 12.8%였다. 경기도 시·군 지역 가운데 그린벨트 면적이 행정구역의 절반 이상인 지역은 하남시 92.6%, 의왕시 92.2%, 과천시 92.0%, 시흥시 85.5%, 의정부시 77.9%, 광명시 77.4%, 구리시 70.2%, 군포시 67.9%, 안양시 53.0%, 남양주시 52.6%, 고양시 50.3% 등 11개 시·군 지역이었다.[1]

경기도 그린벨트 거주인구는 315,129명으로 경기도 전체인구 8,514,716명의 3.7%였다. 가구수는 108,106가구로 경기도 전체가구 2,828,576가구의 3.8%였다. 그린벨트 내 인구는 고양시 79,392명, 남양주시 43,052명, 하남시 33,600명, 구리시 19,684명 등으로 많았다. 거주용 건물은 92,483동으로 경기도 전체 거주용 건물 2,136,724동의 4.3%였다. 20호 이상의 집단취락은 714취락이었다. 고양시 114취락, 남양주시 112취락 등이 100취락 이상이었다. 취락은 20-49호 규모의 취락이 451취락으로 다수였다. 50-99호 규모의 취락이 181취락으로 다음을 이었다. 경기도 그린벨트 가운데 용도별 점유비율은 임야 55.1%, 경지 23.8%, 대지 4.0%, 잡종지 1.7%, 기타 15.3%였다. 시·군별 그린벨트 면적은 남양주시 241.88㎢, 고양시 134.43㎢, 시흥시 111.53㎢, 광주군 106.49㎢ 등이 상대적으로 넓었다.

---

1 권용우 외, 2013, 그린벨트: 개발제한구역 연구, 박영사, pp. 89-90.

1998년 이후의 수도권 그린벨트

1998년 대통령 취임 이후 수도권의 그린벨트에 변화가 이루어졌다. 1999
년 7월 22일 그린벨트제도 개선방안인 「개발제한구역조정에 관한 지침」
이 발표되었다. 정부는 2001년 9월 서울·부산·대구·광주·대전·울
산·마창진 등 7개 대도시권 그린벨트 부분 해제를 진행했다. 2002년 1월
22일에 조정된 수도권 그린벨트 해제범위는 서울·인천·경기 등 수도권
지역의 그린벨트 면적 1,566.80㎢ 중 7.9%인 123,86㎢을 해제하도록 조정
되었다. 서울특별시는 해제비율을 2.1%로 설정해 최소화했다.표 4.4

표 4.4 수도권 그린벨트조정안, 2002.1.22

구분	지정 면적	집단취락		조정가능지		국책사업		지역현안사업		해제 면적 합계	해제 면적 비율	4,5 등급 비율
		개소	면적	개소	면적	개소	면적	개소	면적			
수도권	1,566,80	655	38.2	130	65.4	12	10.15	26	10.11	123.86	7.9	11.8
서울	167.92	28	2.6	–	–	–		3	0.95	3.55	2.1	11.2
인천	96.80	37	1.5	17	6.8	–			9.16	8.30	8.6	19.7
경기	1,302.08	590	34.1	113	58.6	12	10.15	23	9.16	112.01	8.6	11.4
고양시	134.43	65	7.9	5	4.8	1	0.65	3	1.31	14.66	10.9	14.9
과천시	33.03	14	0.9	1	1.6	–		1	0.25	2.75	8.3	11.5
광명시	29.82	23	1.7	4	1.1	2	2.33	1	0.34	5.47	18.3	20.6
광주시	106.49	41	1.5	–	–					1.50	1.4	0.9
구리시	23.37	15	1.5	2	0.4	–		1	0.19	2.09	8.9	7.3
군포시	24.71	12	0.7	5	1.6	1	0.42	1	0.24	2.96	12.0	16.2
김포시	18.81	3	0.1	5	1.9	–				2.00	10.6	16.1
남양주	241.12	95	5.1	3	5.8	1	0.66	2	1.13	12.69	5.3	2.7
부천시	20.41	15	0.8	4	1.1	1	0.55	1	0.21	2.66	13.0	18.0
성남시	54.80	19	1.5	3	1.0	1	0.83	1	0.53	3.86	7.0	14.8

수원시	36.50	5	0.3	1	2.7	–				3.00	8.2	11.9
시흥시	111.53	52	2.2	14	10.1	1	2.17	1	1.32	15.79	14.2	27.5
안산시	39.91	18	0.7	11	3.4	1	0.84	2	0.42	5.36	13.4	21.8
안양시	31.00	8	0.5	6	1.6	–	–	2	0.24	2.34	7.5	9.9
양주군	79.02	26	1.0	6	4.3	–	–	1	0.53	5.83	7.4	7.2
양평군	17.20	8	0.3	–	–					0.30	1.7	0.8
용인시	3.60	–										
의왕시	48.91	22	0.8	10	4.1	1	0.38	1	0.42	5.70	11.7	15.4
의정부	63.89	31	1.0	3	4.9	1	0.33	1	0.61	6.84	10.7	13.2
하남시	86.41	61	3.5	1	1.3	1	0.99	2	0.53	6.32	7.3	6.8
화성시	96.22	57	2.1	29	6.9	–	–	2	0.90	9.90	10.3	15.8

출처: 환경부, 2003, 개발제한구역의 효율적 관리방향.
주: 1. 실제 조정면적은 관계부처협의 및 중도위 심의결과에 따라 변경될 수 있었음.
　　2. 국책사업은 국민임대주택사업 및 광명시의 고속철도 역세권개발 포함(1.34㎢).

2012년 12월 31일 기준으로 전국 그린벨트 지정면적 4,294.0㎢의 9.8%인 420.4㎢가 해제되어 3,873.6㎢가 남았다. 90.2%가 존치됐다. 수도권 그린벨트 지정면적 1,566.8㎢의 9.5%인 149.0㎢가 해제되어 1,417.8㎢가 남았다. 90.5%가 존치됐다.표 4.5, 그림 4.2

표 4.5 수도권 그린벨트 지정과 해제면적, 2012.12.31

(단위: ㎢, %)

구분	수도권		전국	
	면적	당초 지정면적 대비 비율	면적	당초 지정면적 대비 비율
지정면적	1,566.8	100.0	4,294.0	100.0
해제면적	149.0	9.5	420.4	9.8
존치면적	1,417.8	90.5	3,873.6	90.2

출처: 국토해양부 비치자료를 기초로 재작성.

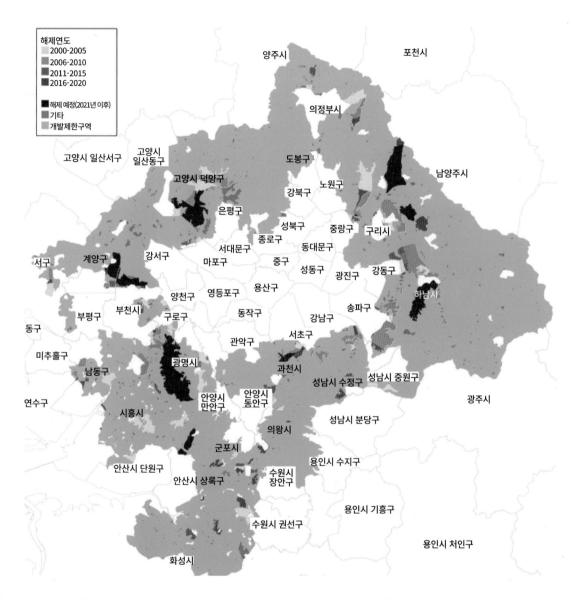

해제연도
- 2000-2005
- 2006-2010
- 2011-2015
- 2016-2020

- 해제 예정(2021년 이후)
- 기타
- 개발제한구역

그림 4.2 수도권 그린벨트의 해제 2000-2020

출처: 김중은·이우민, 2021, "전국 개발제한구역 해제 현황(2020년 말 기준)",
월간 국토 2021년 7월호(통권 477호) p. 119.

1971-1979년 기간의 서울시 그린벨트

1971-1979년 기간 서울시의 그린벨트는 167.92㎢가 지정됐다. 서울 주변지역 대부분이 그린벨트로 지정됐다. 행위규제가 엄격했다. 서울시의 그린벨트 설정은 서울의 연담화와 서울주변의 부동산 투기를 막기 위함이었다. 그린벨트 지정으로 엄격한 토지이용 규제가 이뤄졌다. 그린벨트로 지정된 곳은 토지구획정리사업, 주택단지, 공업단지 등 시가지 개발사업이 금지됐다. 신축 등의 개발행위도 불허했다. 일부 기존 건축물의 재·개축, 33㎡ 미만의 증축, 농수산용 창고, 축사 건립 등만 제한적으로 허용됐다. 그린벨트 내 불법행위는 엄격히 관리됐다. 정부 합동단속반, 청와대 특명반, 경찰의 암행 감찰 등을 통해 그린벨트 내 불법행위를 단속했다. 항공사진 촬영으로 불법 건물을 파악해 시정 조치했다. 시장·군수·도지사가 책임을 지고 단속했다. 감시초소를 설치해 그린벨트 훼손 행위를 상시 단속했다.[2] 그림 4.3

---

2 서울시 그린벨트 내용은『수도권 개발제한구역 50년 정책변천사』((2021, 서울연구원)에서 부분적으로 인용하여 재구성했다. 본 연구는 연구책임 김선웅 서울연구원 선임연구위원, 연구원 성수연 서울연구원 연구원, 외부 연구진 권용우 성신여자대학교 명예교수, 권영덕 서울연구원 명예연구위원이 진행했다.

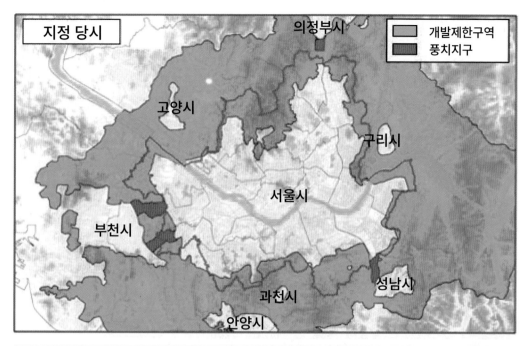

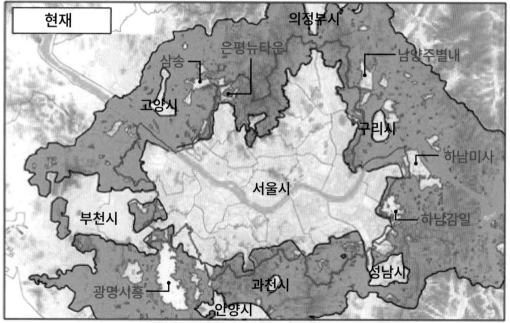

그림 4.3 서울시의 그린벨트, 1971, 2023

출처: 김선웅 외, 2023, 수도권 개발제한구역 50년 정책변천사, 서울연구원, 그림 1-2.

1980-1999년 기간의 서울시 그린벨트

1980-1997년 기간 서울은 그린벨트를 유지하면서 행위규제를 일부 완화했다. 1980년대 초부터 서울의 주택 부족 문제가 현안으로 떠올랐다. 당시 서울의 주택공급은 대부분 개발이익을 좇는 민간개발로 이루어졌다. 중대형 평형 위주로 공급됐다. 서민주택은 부족했다. 서민 주택 공급은 신규 택지개발과 기성시가지의 고밀개발의 두 가지로 추진됐다.

신규 택지개발은 서울시 내 외곽지역과 서울주변 수도권에서 이루어졌다. 그린벨트는 보전의 관점에서 다루었다. 해제나 구역 조정 없이 유지하고자 했다. 이런 원칙에 입각해 수도권 그린벨트 경계선 안쪽의 상계지구, 목동지구, 개포지구, 고덕지구 등이 개발됐다. 그린벨트 경계선 바깥쪽의 분당, 일산, 평촌, 산본, 중동 등 제1기 신도시가 조성됐다. 기존의 자연녹지지역과 생산녹지지역 등을 주거지역으로 전환해 아파트 단지로 공급했다.

서울시 내 기성시가지에는 고밀개발을 추진했다. 제1기 신도시 건설 이후 시가지를 확장하는 대신 기성시가지의 효율적 이용을 도모했다. 계획밀도를 완화해 주택재개발과 민간주택 건설을 촉진했다. 주거지역의 법상 계획용적률을 기존 300%에서 400%까지 상향했다. 아파트 등 공동주택은 400%까지 완화해 개발을 허용했다.

이 시기에 주민 불편을 해소하는 규제 완화가 이루어졌다. 1991년 정부는 그린벨트 내 토지ㆍ가옥 소유주의 토지이용 등을 파악하기 위한 실태조사를 추진했다. 1993년 이후 축사 허용면적과 주택 증축 규모를 확대했다. 공공시설 입지도 허용됐다. 그러나 그린벨트 주민들은 재산권 보호와 생활여건 개선을 지속적으로 요구했다.

1998-2002년 기간의 서울시 그린벨트

1997년 12월 대통령 선거에서 그린벨트 조정을 공약한 김대중 후보가 당선되면서 그린벨트 제도는 전환점을 맞았다. 1998-2002년 기간에 그린벨트 제도가 조정됐다. 우선해제와 국책사업 기준을 마련했다. 1998년 이후 그린벨트 제도 개선이 본격화됐다. 1999년 7월 제도 개선방안인 「그린벨트 조정에 관한 지침」이 발표됐다.

2001년 9월 7개 대도시권의 그린벨트 조정기준이 발표됐다. 세 가지다. ① 지정 면적의 평균 7.8%를 해제가능지역으로 정하는 허용총량이 설정됐다. ② 임대주택 건설, 고속철도 역세권 개발 등 국책사업은 허용총량과는 별도로 해제를 허용했다. ③ 지역현안사업은 허용총량의 10% 범위 안에서 추가 해제하도록 했다. 이러한 조정기준에 근거해 2007년과 2009년 수도권 광역도시계획에서 서울시 허용총량과 해제 면적을 정했다. 2007년에는 허용총량 13.280㎢ 가운데 12.098㎢를 해제해 1.182㎢가 남았다. 2009년에는 허용총량 1.328㎢ 가운데 0.134㎢를 해제해 1.194㎢가 남았다. 2007년과 2009년 양 연도에 걸쳐 14.608㎢ 가운데 12.232㎢를 해제해 2.376㎢가 남았다. 표 4.6

표 4.6 서울시 해제허용총량과 해제 면적, 2021.12

(단위: ㎢)

구분	허용총량	해제면적	잔여면적
2020 수도권 광역도시계획 제1차 (2007.7.12.)	13.280	12.098	1.182
2020 수도권 광역도시계획 제2차 (2009.5.7.)	1.328	0.134	1.194
합계	14.608	12.232	2.376

출처: 국토교통부, 2007, 2020 수도권 광역도시계획; 국토교통부, 2009, 2020 수도권 광역도시계획(변경); 서울시에서 재정리한 내부자료(2021.12.).
주: 「2020 수도권 광역도시계획」 상 국책사업 등 추진을 위한 국가 물량은 별도 운영함.

1998년 그린벨트 1차 해제조정에 이어, 2008년 2차 해제조정이 진행됐다. 2차 해제는 그린벨트 내 축사로 위장해 불법으로 들어선 물류창고와 공장 등을 대상으로 했다. 그린벨트의 추가 해제에 대한 대응책이 마련됐다. 존치지역 관리를 강화하기 위한 제도와 훼손지 복구 제도가 도입됐다.

2001년 9월 「집단취락 등의 개발제한구역 해제를 위한 도시계획변경(안) 수립지침」이 발표됐다. 대규모 취락과 지역현안사업의 우선해제 기준이 마련됐다. 중규모 취락은 지자체별로 세부 기준을 설정하여 우선 해제할 수 있게 했다. 조정가능지역은 환경평가 결과 보전가치가 낮은 4·5 등급지를 중심으로 지정했다. 지구별로 최소 10㎢ 이상이 되도록 했다.

서울시는 주변 도시와의 연담화 방지를 위한 원칙을 세웠다. 그린벨트 내측 경계선으로부터 2km 이내에는 조정가능지역을 지정하지 않기로 했다. 구역을 유지하는 소규모 취락을 대상으로 그린벨트 관리계획에 따라 취락지구를 지정했다. 그린벨트를 유지한 채 주민들이 필요로 하는 도로·공공시설 등을 설치하거나 정비하는 주민지원사업을 추진했다.

우선해제지역은 지구단위계획구역으로 지정해 관리했다. 지구단위계획 수립 시까지 자연녹지지역을 유지하도록 했다. 지구단위계획을 수립할 경우 저층·저밀 개발을 원칙으로 정했다. 제1종 전용주거지역 또는 제1종 일반주거지역으로 지정했다.

서울시는 대상지 선정의 기준과 해제 기본 원칙을 마련했다. ① 계획적 정비를 위해 일정 규모 이상으로 해제하도록 했다. 1999년 9월 정부 지침에서는 인구 1,000명 이상 취락, 또는 주택 300호 이상 및 호수밀도 20호/ha 이상 취락 기준을 충족하는 지역을 해제 대상으로 했다. 2001년 9월 해당 기준은 주택 20-100호 및 호수밀도 10-20호/ha 취락, 또는 국책사업 및 지역현안사업으로 완화됐다. 2002년 8월 주택 10호 및 호수밀도 10호/ha 이상 취락으로 완화됐다. 그러나 서울시는 해제 기준을 주택 100호 이상으로 설정했다. 취락이 일정 규모 이상으로 해제되어 점적(点的)으로 해제되지 않도록 하기 위해서다. ② 양호한 자연생태를 보존하기로 했다. 공원 내 취락은 그린벨트로 존치했다. ③ 소규모 취락을 점적으로 해제하여 그린벨트가 훼손되지 않도록 했다. ④ 해제 대상에서 제외된 취락은 취락지구로 지정하고 주민지원사업을 추진했다.

2003-2012년 기간의 서울시 그린벨트

2003-2012년 기간 서울은 구역을 조정했다. 서울시 그린벨트는 2002년부터 2021년 12월까지 총 17.73㎢가 해제됐다. 해제는 우선해제지역과 국책사업지구로 구분된다. 집단취락 등 우선해제지역이 40%, 국책사업지구가 60%다.

집단취락 우선해제는 대규모 취락 16개소, 중규모 취락 12개소 등 총 28개소에서 추진됐다. 해제된 취락은 2009년 지구단위계획 수립을 의무화했다. 14개 지역에 지구단위계획이 수립됐다. 수도권 차원에서 국책사업에 의한 대규모 해제와 제2기 신도시 건설이 추진됐다. 노무현 정부는 주택가격 급등이 공급 부족에서 비롯된 것으로 판단했다. 이런 논리에 근거해 그린벨트 해제로 국민임대주택 공급과 판교·위례 등 제2기 신도시 건설을 추진했다.

이명박 정부는 그린벨트를 대규모로 해제해 보금자리주택 공급 정책을 폈다. 이 정책은 수도권을 중심으로 추진됐다. 2008년 광역도시계획을 변경하여 허용총량을 확대했다. 2009년 「보금자리주택건설에 대한 특별법」을 제정했다. 그린벨트를 주택공급기지로 활용하는 제도적 기반을 마련했다. 서울시 내 보금자리주택은 9개 지구에 40,000호로 계획됐다.

서울시 그린벨트 해제 후 개발 및 관리 사례는 ① 취락구조개선사업으로 정비된 단독주택지, ② 공영개발사업에 의해 조성된 신시가지, ③ 지구단위계획에 의해 점진적으로 변화한 지역, ④ 국책사업 추진 지역 등이 있다.

2013년 이후의 서울시 그린벨트

2013년 이후 서울은 구역관리를 강화하고 있다. 정부는 주택시장 불안정이 지속되고 주택가격이 폭등하면서 신규 주택 공급계획을 발표했다. 수도권 그린벨트를 해제해 3기 신도시를 공급하는 내용이었다. 2021년 상반기 기준 총 9개소에 3기 신도시가 지정됐다. 정부는 서울시 내 그린벨트 해제를 요구했다. 서울시는 그린벨트 해제를 통한 주택 공급에 동의하지 않았다. 그 대신 기성시가지 내 역세권 중심의 고밀개발과 국공유지를 활용하는 대안을 제시했다.

정부는 그린벨트 중 보전가치가 낮은 지역을 대상으로 사업을 추진하겠다고 했다. 그러나 서울시는 보전가치가 낮은 지역은 완충 역할을 하는 지역이라고 설명했다. 그린벨트는 미래 자산으로 보전해야 함을 강조했다.

각 정부 기간 중 해제된 서울시 그린벨트의 면적은 김대중 정부 625.1㎢, 노무현 정부 9,827.5㎢, 이명박 정부 6,716.9㎢, 박근혜 정부 27.2㎢, 문재

인 정부 536.8㎢였다. 총 17,733.5㎢가 해제됐다.[3]

대한민국의 그린벨트는 세계적으로 인정되는 선진 사례다. 1971년 대한민국의 국민소득은 높지 않았다. 그럼에도 불구하고 그린벨트를 지정했다. 미래를 내다본 선진적 정책 결정으로 평가됐다. 그린벨트는 도시의 무질서한 확산을 방지하고, 환경을 보전하는 역할을 했다. 그린벨트 외곽지역 개발은 추가적인 기반시설 공급으로 재정적 지출이 과다하게 소요된다. 이런 연유로 그린벨트 개발보다 기성 시가지 내 역세권 개발, 정비사업, 저이용·유휴 토지 활용 등을 효율적으로 활용하는 방안이 바람직하다는 평가다.

02 수도권 그린벨트의 특성

수도권 그린벨트는 서울을 중심으로 외곽에 환상대 형상을 이루고 있다. 서울로의 인구유입을 억제하기 위한 방책 역할을 한다. 인구유입을 막아 대도시 서울의 팽창을 차단한다. 환상대의 폭은 유동적이나 20-30km 내외의 범위 내에서 일정폭을 유지했다. 강력한 법적 제제력을 갖는 그린벨트 설정으로 어느 방향으로든 서울로의 인구 유출입을 방지하겠다는 정책의지였다.

그러나 수도권 그린벨트는 도시성장 발전축인 교통망을 충분히 검토하

---

3 서울시 내부자료(2021.12. 기준); 김선웅 외, 2021, 수도권 개발제한구역 50년 정책변천사, 서울연구원, p. 18.

지 않은 상태에서 이루어진 측면이 있다. 이는 그린벨트 지정 당시 보안유지를 강화했기 때문이다. 다시 말해서 현장답사를 충분히 하지 못한 채 지형도 작업을 통해 그린벨트를 설정한 데서 기인한다.[4]

　수도권 그린벨트는 그린벨트 내외 간의 교류를 순화시키는 동시에 단절시키기도 한다. 수도권 그린벨트는 그린벨트 내외 양 도시권의 중간에 위치하여 이들 상호간의 인적·물적 교류를 순환시키는 기능을 한다. 반면에 그린벨트가 개발되지 못해 그린벨트를 뛰어넘어 비지적(飛地的, leapfrogging)으로 개발되는 양상을 보여준다. 그린벨트 외측 지역은 그린벨트 설정으로 더욱 인구증가가 높아질 가능성이 있다. 수도권 그린벨트 외측의 인천, 수원, 성남시 등은 서울과의 접근도가 높아 인구압이 높다.

　수도권 그린벨트에서 유일한 근린생활지역을 만들 수 있는 곳은 법적 제재에서 제외된 「도시계획구역」이다. '그린벨트의 섬'이라고 불린다. 그러나 이들 도시계획구역마저 각각 분리 고립되어 있어 상호간의 연계성이 단절되고 있다. 또한 도시계획구역이 수적으로 한정되어 있기 때문에 '섬'지역의 인구압은 크다.

4　1971년 당시 실무 작업을 했던 건설부 박양춘 사무관이 서울대 문리대 지리학과 특강에서 밝힌 내용이다. 당시 사용했던 지형도는 2-3년 전에 제작된 지도였다고 한다.

수도권 교외화와 그린벨트와의 관계

01 수도권의 교외화 현상

2010년 기준으로 수도권은 전 국토면적의 11.8%를 차지하나, 인구규모는 전국 인구의 49.0%를 점유했다.

수도권은 서울, 인천, 경기도로 이루어져 있다. 수도권에서는 1970년 이후 교외화가 전개되고 있다. 서울주민이 경인지역으로 이주해 가는 인구 교외화가 이루어졌다. 서울과의 편도통행시간이 1시간 내외가 소요되는 지역이다. 서울로부터 인천 · 경기 지역에 이르는 간선도로 주변지역에서 두드러지게 나타난다. 이곳에서는 거주 교외화(residential suburbanization)와 주택도시화 현상이 전개된다. 거주교외화의 공간적 형태는 간선도로망을 따라 돌출한 모습을 보이는 성형구조(star-shaped pattern)를 이룬다.[5]

---

5 권용우, 2001, 교외지역: 수도권 교외화의 이론과 실제, 아카넷.

서울주변지역에서 전개되는 거주교외화의 공간적 결과는 서울의 통근지역 및 확장 양상으로 나타난다. 서울통근자가 다수 거주하는 지역은 서울의 중심부로부터 대략 45km 이내에 집중적으로 분포해 있다. 이러한 사실은 2010년 통계청 조사결과를 통해 확인할 수 있다. 수도권의 경우 일자리나 대학 등이 서울에 집중되어 있어 인천, 경기에서 서울로의 통근·통학이 발생하고 있다. 2010년의 경우 서울로 통근·통학하는 인구가 10% 이상인 지역은 광명시, 과천시, 하남시, 구리시, 남양주시, 인천 계양구, 부평구 등 주로 서울에 인접한 18개 지역에서 나타난다. 이들 지역은 서울과의 밀접한 통근·통학권을 형성한다. 그리고 통근통학인구가 3% 이상 나타나는 지역은 경기도 파주시, 수원시, 양평군, 인천 중구 등 14개 지역이다. 서울에서 약 45km 범위에 걸쳐 있는 지역이다. 이외에 1% 이상 나타나는 지역은 수도권 외곽지역과 강원 춘천 및 충남 천안까지 확대되어 있다. 서울로부터 멀어질수록 통근·통학인구가 줄어드는 현상은 서울과의 물리적인 거리와 주요 간선도로의 분포가 함께 작용하기 때문이다.

1970년 이후 수도권에서는 경영관리기능과 생산기능이 전문화되면서 본사와 공장이 분리되는 공간적 분업현상이 나타난다. 공업기능의 교외화(suburbanization of manufacture)로 설명할 수 있다. 1980년대 말의 경우 공간적으로 분리된 공장을 운영하는 기업 중 80%가 서울시에 본사를 두고 있다. 5%가 인천 및 경기도에 본사를 입지시키고 있다. 서울에 본사가 있는 기업 중 48%가 인천 및 경기도에 공장을 두고 있다. 공업기능을 주축으로 이루어지는 고용 교외화(suburbanization of employment)는 서울의 서남부지역에 섹터 형태를 나타내며 형성되어 있다. 그리고 서울에 인접한 지역에서는 대도시를 겨냥한 상업적 농업이 행해진다.그림 4.4

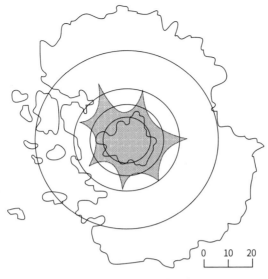

거주교외화의 전개도식

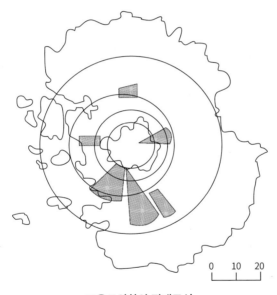

고용교외화의 전개도식

그림 4.4 수도권지역의 교외화 양상

출처: 권용우, 2001, 교외지역: 수도권 교외화의 이론과 실제, 아카넷, p. 181.
권용우 외, 2012, 도시의 이해 4판, 박영사, p. 266.

02 수도권 교외화의 배경

교외화가 이루어지는 데 가장 중요한 배경은 교통체계의 개선 및 확충이다. 교외화는 신도시를 건설하여 개발을 확대하거나 그린벨트를 설정하여 개발을 억제하는 등의 지역정책에 영향을 받는다. 일반적으로 교외화는 도시주변지역에 공장, 사무실 등의 취업기회가 제공될 때 일어난다. 저렴한 지가와 쾌적한 주거환경 또한 교외화를 야기시키는 요인이 된다.

수도권지역에서 전개되는 교외화에는 교외화 형성배경의 일반론이 잘 적용된다. 서울주변지역은 서울에 비해 상대적으로 주택지가가 저렴하고, 쾌적한 주거환경이 조성되어 있다. 뿐만 아니라 서울로의 통근교통체계가 잘 갖추어져 있다. 여기에 수도권의 인구분산과 그린벨트 설정 등 개발억제정책이 수행됐다. 이런 정책적 조치는 그린벨트를 뛰어 넘어 서울주변의 농경지를 택지나 공장용지로 전환시키는 결과를 가져왔다. 결국 서울주변지역에 도시지역이 확대되고 교외화 현상이 나타났다.

03 수도권 교외화와 그린벨트와의 관계

수도권의 경우 1960년대까지만 해도 서울주변의 도시는 인천시, 수원시, 의정부시 뿐이었다. 나머지 대부분 지역은 농촌지역인 군이었다. 그런데 1970년대 이후 급격한 도시지역 확대현상이 나타나기 시작했다. 1973년 광주군에서 성남시가, 부천군에서 부천시가, 시흥군에서 안양시가 분리되어 도시지역으로 전환됐다. 1980년대에는 1970년대보다 더 많은 도시지역이 확대됐다. 1981년에 시흥군에서 광명시가, 양주군에서 동두천시가, 평택군에서 송탄시가 분리되어 시 지역으로 전환됐다. 이 중 동두천시와 송탄시 내에는 대규모 미군기지가 입지했다. 1986년에 남양주군에서 구리시가, 평택군에서 평택시가, 시흥군에서 안산시 및 과천시가 분리됐다. 이 중 안산시와 과천시는 신도시형태로 개발됐다. 안산시와 과천시는 1977년부터 정부에서 진행한 수도권 인구분산정책 대상지역이었다. 제조업 기능은 안산시로, 중추행정기능이 과천시로 분산 조치됐다. 반월공업단지와 과천신도시 및 배후주거단지가 조성됐다. 1989년에 남양주군에서 미금시가, 광주군에서 하남시가, 화성군에서 오산시가 분리됐다. 시흥군은 군포시, 의왕시, 시흥시로 분리되면서 소멸됐다. 1992년에 고양군 전체가 고양시로 바뀌면서 도시지역으로 전환됐다.

1995년부터는 지방자치제 실시와 더불어 행정구역 체계의 변화가 나타났다. 도시와 농촌이 공존하는 도농복합시가 탄생했다. 종전에는 중심지의 인구가 50,000명이 넘으면 군에서 분리하여 시로 독립했다. 이런 지역은 도농통합시가 생기면서 종전의 행정구역으로 통합하여 환원됐다. 그리고 군 중심지 인구가 50,000명을 넘어선 경우도 중심이 되는 지역에 동을 만들어 도농통합시를 조성했다. 이러한 도농통합시의 형태로는 이전에 송탄시, 평택시, 평택군이었던 곳을 하나로 묶어 평택시로 출범한 사례가 있다. 통합에 반대한 구리시는 제외하고 미금시와 남양주군을 묶어 남양주시로 통합됐다. 1998년에 김포시와 안산시가, 2001년에 화성시와 광주시가, 2003년에 포천시와 양주시가 도농복합시로 출범했다. 이로써 수도권에는 순수한 농촌행정구역으로 수도권 외곽에 입지하고 있는 인천광역시 강화군과 옹진군, 경기도 여천군, 가평군, 양평군, 여주군 등이 남았다. 이로써 서울에 연접한 인천광역시(옹진군과 강화군 제외), 경기도 의정부시, 구리시, 하남시, 성남시, 안양시, 군포시, 의왕시, 과천시, 수원시, 안산시, 시흥시, 부천시, 광명시 등 14개 지역이 서울과 더불어 하나의 연속된 대도시지역을 형성했다. 이들 도시주변에는 연속해서 도농복합시가 분포했다.

이러한 수도권의 형태를 공간적으로 보면 서울과 인접한 수많은 도시지역들이 포도송이처럼 엮어있는 형국이다. 만일 그린벨트가 설정되지 않았다면 이들 지역은 모두 연담화되어 거대한 대도시지역을 형성했을 것이다. 서울로부터 경기도 끝까지 도로와 시가지의 회색빛 시멘트로 포장되어 있었을 것으로 예상된다.

서울과 주변지역에서 일어나는 교외화 현상과 그린벨트 설정에 따라 수도권에는 대도시 확산에서 나타나는 공간현상이 확인된다. 수도권지역에서는 중심도시인 서울의 대도시가 확대되어 물이 넘쳐 흘러내리듯 중심도시 주변지역으로 중심도시의 기능과 활동이 확대되어 나가는 외연적(spillover) 확산이 이루어졌다. 그린벨트가 설치되어 있지 않거나 해제된 서울과 인접한 일부지역에서 나타난다.

그러나 중심도시의 시 경계 주변에 그린벨트가 지정되어 도시 확산 제한 조치가 취해진 곳에는 외연적 확산이 일어나지 못했다. 이곳에서는 중심도시 서울의 기능과 활동이 그린벨트를 뛰어 넘어 그린벨트 바깥쪽으로 확산되는 비지적(leapfrogging) 확산이 나타났다. 그린벨트 외곽에 크게 성장한 도시들이 이에 해당한다.그림 4.5

그리고 중심도시에 연계되어 있는 주요 교통로에는 중심도시의 기능과 활동이 교통로를 따라서 퍼져 나가는 방사형(radial) 확산이 나타났다. 특히 서울주변지역의 경우 경수축, 경인축, 경의축, 경원축 등 기존의 간선도로망을 따라 방사형 팽창이 이루어지고 있다.그림 4.4

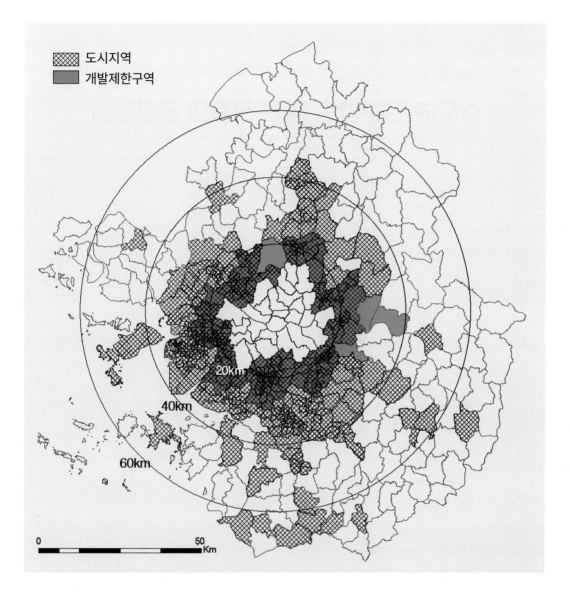

그림 4.5 그린벨트를 넘어서 확산된 수도권 도시성장패턴

출처: 통계청, 2011, 2010년 인구주택 총조사. 권용우 외, 2013, 그린벨트: 개발제한연구, 박영사, p. 99.
주: 서울주변지역을 읍 · 면 · 동으로 구분하여 동 및 20,000명 이상의 읍면지역을 도시지역으로
   구분함.

수도권 그린벨트 해제 전후의 공간변화

1971-1972년 그린벨트 지정 당시 수도권 그린벨트 중 시 · 읍 · 면 중심이 포함된 상태에서 도시계획이 수립된 지역은 그린벨트 지정에서 제외됐다. 이런 사례는 시 지역으로 의정부시, 읍 지역으로 안양읍과 소사읍이 있었다. 면 지역으로 고양군의 원당, 신도, 지도, 양주군의 구리, 미금, 별내, 퇴계원, 진건, 와부, 광주군의 중부면 성남출장소, 동부면, 시흥군의 소래, 서면, 의왕, 군포, 과천, 김포군의 고촌면 등이었다. 1976년 공업도시 반월 신도시 주변에 지정된 그린벨트는 소규모 집단취락지역도 그린벨트 지정에서 제외됐다.

1980년 수도권 시군별 그린벨트 지정지역은 6개 시와 8개 군, 43면, 62동이었다. 토지이용은 전체적으로 임야의 비중이 가장 높았다. 다음으로 전답을 합친 경지, 그리고 대지 순으로 활용되었다. 양주군의 경우 그린벨트로 지정된 곳이 구리읍, 미금읍, 주내면, 백석면, 장흥면, 별내면, 진접면, 진건면, 와부면 등 9개 읍면이었다. 가장 많은 면적을 포함했다. 양주군은 임야와 경지의 비율이 각각 214.37㎢와 96.28㎢로 수도권에서 가장 높았다. 시흥군은 대지 비율이 20.07㎢로 수도권에서 가장 높았다.표 4.7

표 4.7 수도권 그린벨트의 토지이용, 1980

(단위: ㎢)

시군별	경지(전+답)	대지	임야	기타
수원	1.43	0.08	17.76	0.75
성남	10.45	2.08	39.63	1.95
의정부	11.53	1.26	29.1	6.78
안양	4.38	2.25	24.37	–
부천	7.90	0.5	9.13	–
고양군	34.32	11.47	60.64	21.23
시흥군	65.47	20.07	146.82	3.29
양주군	96.28	14.30	214.37	16.59
화성군	57.01	4.46	75.13	12.36
광주군	39.9	12.75	122.98	11.21
양평군	4.44	0.2	12.56	–
용인군	0.18	0.01	4.01	–
김포군	31.36	2.51	11.76	–
반월출장소	4.62	1.71	5.38	0.34
계	333.36	73.65	773.64	74.5

출처: 내무부, 1980, 개발제한구역 통계자료.
주: 상기 자료를 기초로 재작성.

2009년에 수도권 그린벨트는 우선해제지역, 산업단지, 지역사업, 국책사업, 조정가능지로 나누어 해제가 진행됐다. 우선해제지역의 경우 ① 300호 이상 또는 1,000명 이상 거주하는 대규모 취락 ② 20호 이상 취락규모인 중규모 취락 ③ 경계선 관통취락으로 분류되어 해제됐다. 대규모 취락지역은 서울시가 16개 취락, 5,672㎢로 많이 해제됐다. 중규모취락은 경기도가 546개 취락, 36,532㎢로 많이 해제됐다. 산업단지는 안산시와 시흥시지역에 위치한 시화산업단지 9,330㎢가 해제됐다. 지역산업은 서울시 서초구 추모공원, 구로구 천왕지구, 부천시 오정물류단지, 남양주시 진관지구, 하남시 지역현안2지구, 인천아시아게임주경기장 등이 해제됐다. 국책사업은 강남세곡·서초우면·서울내곡2지구·서울세곡2지구·하남미사·고양원흥·부천옥길2지구·시흥은계2지구·구리갈매2지구·남양주진건2지구 등 보금자리 주택지구를 해제했다. 고양 행신 국민임대주택지구, 광명역세권, 김포 고촌 물류 터미널 등이 해제됐다. 조정가능지는 안양 경인교대, 의정부시 고잔지구, 하남시 신장 현안2지구, 남양주 지금지구 등이 해제됐다.표 4.8

표 4.8 그린벨트 세부 해제내역, 2009

(단위: ㎢)

구분		위치	지역명	해제면적
우선해제	대규모 취락 (300호 이상 취락 또는 1,000명 이상)	서울시	16개 취락	5.672
		경기도	12개 취락	2.464
	중규모 취락 (20호 이상 취락)	서울시	11개 취락	0.646
		경기도	546개 취락	36.532
		인천시	38개 취락	2.095
	경계선관통취락	경기도	23개 취락	0.652

산업단지		안산시, 시흥시	시화산업단지	9,330
지역 사업	추모공원	서울시	서울시 서초구 원지동	0.174
	천왕지구		서울시 구로구 천왕동 일대	0.485
	오정물류단지	경기도	부천시 오정구 오정동 일원	0.312
	진관지구		남양주시 진건읍 진관리	0.142
	지역현안2지구	경기도	하남시 풍산동 일원	0.156
	인천아시아게임주경기장	인천시	인천 서구 연희동 일대	0.647
국 책 사 업	강남세곡보금자리	서울시	강남구 세곡동 일원	0.874
	서초우면보금자리		서초구 우면동, 과천시 주암동 일원	0.324
	서울내곡보금자리 2지구		서초구 내곡동 일원	0.670
	서울세곡보금자리 2지구		강남구 세곡동 일원	0.650
	국민임대주택	경기도	고양행신2지구 등 54개 지구	61,124
	광명역세권		광명시 일직동 소하동, 안양시 석수동 박달동 일원	1.944
	하남 미사 보금자리		하남시 망월동 일원	4.117
	고양 원흥 보금자리		고양시 덕양구 원흥동 일원	0.983
	부천 옥길 보금자리2지구		부천시 소사구 옥길동 일원	1.168
	시흥 은계 보금자리2지구		시흥시 대야동 일원	1.643
	구리 갈매 보금자리2지구		구리시 갈매동 일원	1.087
	남양주진건보금자리2지구		남양주시 진건읍 배양리일원	2.174
	김포고촌 물류터미널		김포시 고촌읍 일원	0.927
조정 가능 지	경인교대	경기도	안양시 만안구 석수동 일원	0.220
	고산지구		의정부시 고산동 일원	1.217
	하남지역현안 2지구		하남시 신장동 일원	0.570
	남양주 지금지구		남양주시 지금동 일원	1.493

출처와 주 : 국토해양부 비치자료를 기초로 재작성.

제 5 장

그린벨트 해제와
환경평가

제1절
그린벨트 해제과정

01 1997년의 대통령 선거공약

  대한민국 그린벨트에 대한 행위규제 내용은 「도시계획법」 제21조 제2항
에서 규정했었다. 구체적인 사항은 대통령령이 정하는 범위 안에서 건설부
령으로 정하도록 했었다. 이런 법적 조치에 근거해 「도시계획법 시행령」 제
20조, 제21조와 동법 시행규칙 제2조, 제3조, 제4조 등에서 그린벨트 규제
내용을 자세하게 규정했었다.[1]

  1971년 이후 잘 유지되어 오던 대한민국 그린벨트는 1997년 이후 커다란
변화를 겪었다. 1997년 12월 대통령 선거에서 김대중 후보는 그린벨트 해
제를 공약해 대통령에 당선됐다. 김대중 대통령은 "환경평가를 통해 묶을

---

1 도시계획법은 「국토의계획및이용에관한법률」로 바뀌었다. 2000년 1월 28일 「그린
   벨트의지정및관리에관한특별조치법」이 제정 공포되면서 그린벨트 관리는 새로운 국
   면을 맞았다. 동일시점에 공포된 「도시계획법」은 광역도시계획과 환경평가를 통해
   그린벨트를 조정하도록 규정했다.

지역은 묶고 풀 지역은 풀겠다."는 조건부 조정론을 제시했다.

정부는 대통령 공약의 실천을 위해 1998년 4월 15일 「개발제한구역제도 개선협의회」(이하 '제도개선협의회')를 구성해 본격적인 그린벨트 제도개편을 시작했다.[2] 제도개선협의회는 건설교통부장관 소속으로 그린벨트 제도개선에 대한 전반적인 검토와 개선방안에 대하여 건설교통부장관이 부의하는 사항을 심의했다. 제도개선협의회는 그린벨트 실태조사, 설문조사, 외부전문가 자문, 영국 그린벨트 현지조사 등을 통해 실태를 파악했다. 1998년 5월 14일 1차 회의를 시작으로 전체회의 10회 및 3개 분과위원회 17회 등을 개최하여 그린벨트 제도개선 작업을 진행했다. 1998년 11월 25일 제도개선 시안이 마련됐다.[3] 이러한 해제 분위기에 힘입어 일각에서는 그린벨트 전면 해제를 주장하는 움직임이 있었다.

그러나 조건부 해제나 전면해제 움직임에 대해 반대의지를 보이는 그린벨트 보전론이 대두됐다. 그린벨트 보전 움직임은 경실련 도시개혁센터, 환경정의, 환경운동연합, 녹색연합 등 시민 환경단체를 중심으로 진행됐다. 1998년 11월 27일 「그린벨트 살리기 국민행동」이라는 시민환경운동 조직이 만들어지면서 그린벨트 보전운동이 본격화됐다.

1998년의 국민여론은 전면해제를 찬성하고 있지 않았다. 1998년 10월 정부에서 조사한 설문조사자료에 의하면 '그린벨트 구역주민 가운데 전면

---

2 개발제한구역제도 개선협의회는 지역주민대표 3인, 언론계 3인, 환경단체 1인, 전문가 12인, 공무원 3인, 위원장 1인 등 총 23인으로 구성되었다. 위원장은 서울대학교 최상철 교수가 맡았다.

3 국토해양부, 2011, 개발제한구역 40년: 1971-2011, 한국토지주택공사.

해제를 찬성하는 주민이 18.3%'에 불과했다.[4] 여론조사기관인 갤럽의 설문조사에서 '그린벨트를 현재 상태로 유지하거나 확대하자는 견해가 62.8%'로 집계됐다.[5] 1998년 11월 KBS TV토론에서는 23명의 개발제한구역제도 개선협의회 위원 가운데 '그린벨트 해제를 주장하는 위원이 17.4%에 불과한 4명'이라는 것이 확인됐다.[6] 대한민국의 대표적 국토관련 학술단체인 대한국토 · 도시계획학회의 설문조사에서도 '그린벨트 해제 또는 대폭조정하자는 의견이 4.0%'에 불과했다.[7]

02 「그린벨트 회담」과 헌법재판소의 판결

이처럼 그린벨트 보전에 대한 국민들의 절대적인 지지는 시민환경단체와 환경을 중시하는 각종 여론매체를 통해 더욱더 단단하게 탄력을 받았다. 급기야 1998년 12월 24일 소공동 롯데호텔 아테네 가든에서 그린벨트에 관한 갈등문제를 풀기 위한 「그린벨트 회담」이 열렸다. 전면해제를 집행해야 할 건설교통부 · 국토연구원 등의 대표와 전면해제를 반대하는 「그린벨트

---

4 건설교통부, 1998. 10, 개발제한구역제도 개선을 위한 「설문조사」 분석결과요약, 2쪽.

5 한국갤럽, 1998. 11, 그린벨트 조정에 대한 국민여론 조사보고서, 5쪽.

6 KBS TV, 1998. 11. 26, 길종섭의 쟁점토론, 길종섭 KBS 대기자의 사회로 권용우 성신여대교수, 김경환 서강대교수, 배병헌 그린벨트주민대표, 최 열 환경운동연합 사무총장이 토론에 참여했다.

7 대한국토·도시계획학회, 1998, "그린벨트 조정정책에 대한 전문가 의견조사 결과," 도시정보 6월호, 18쪽. 대한국토·도시계획학회 회원 331명을 대상으로 1998년 4월과 5월에 걸쳐 실시한 결과다.

살리기 국민행동」의 시민환경단체 대표들이 회동했다. 4시간에 걸친 마라톤회의가 진행됐다.[8] 회담 의제는 일곱 가지였다. ① 일부권역 전면해제 유보 ② 부분해제를 위한 환경평가항목 보완 및 실태조사 ③ 명백하게 불합리한 지역에 대한 해제 ④ 존치지역 토지에 대해 우선순위에 따른 보상 ⑤ 해제이익 환수와 투기억제를 위한 대책의 철저한 집행 ⑥ 대표성과 신뢰성을 담보할 수 있는 위원회의 구성 ⑦ 국토에 대한 친환경적이고 효율적인 정책의 수립 등이었다. 회담결과 그린벨트 갈등문제의 일곱 가지 항목 중 여섯 가지는 합의했다. 그러나 핵심쟁점인 첫 번째 전면해제 조항은 이견이 커서 합의하지 못했다.

같은 날인 1998년 12월 24일 헌법재판소는 그린벨트 헌법불합치 판결을 내렸다. 헌법재판소는 "그린벨트의 지정이라는 제도 그 자체는 토지재산권에 내재하는 사회적 기속성을 구체화한 것으로서 원칙적으로 합헌적인 규정"이라고 판결하였다. 다만 "구역지정으로 말미암아 일부 토지소유자에게 사회적 제약의 범위를 넘는 가혹한 부담이 발생하는 예외적인 경우에도 보상규정을 두지 않는 것은 위헌성이 있다."는 헌법불합치 결정을 선고했다.[9]

예컨대 "그린벨트 지정 당시의 지목이 대지이고 나대지의 상태로 있었던 토지로서 구역의 지정과 동시에 건물의 신축이 금지되어 실제로 지정 당

---

8 건설교통부의 이향렬 차관보, 국토연구원의 진영환 박사, 경실련의 권용우 대표, 환경정의의 서왕진 박사 등 총 14명의 대규모 인원이 참가한 역사적 회의였다.

9 헌법재판소의 결정요지 주문은 "『도시계획법』(1971년 1월 19일 법률 제2291호로 제정되어 1972년 12월 30일 법률 제2435호로 개정된 법) 제21조는 헌법에 합치되지 아니 한다."로 되어 있다(헌법재판소 결정요지, 1998.12.24).

시의 지목과 토지의 현황에 따른 용도로조차 사용할 수 없게 된 경우"와, "토지가 종래 농지 등으로 사용되었으나 그린벨트의 지정이 있은 후에 주변지역의 도시과밀화로 인하여 농지가 오염되거나 수로가 차단되는 등의 사유로 토지를 더 이상 종래의 목적으로 사용하는 것이 불가능하거나 현저히 곤란하게 되어버린 경우에는 토지재산권에 대한 사회적 제약의 한계를 넘어 해당 토지소유자에게 과도한 부담을 안겨 주는 것"이라고 판결했다.

이러한 헌법재판소의 판결은 그린벨트 주민의 재산권을 보상해 주어야한다는 여론을 수렴한 판결이었다. 원칙론에 입각한 의미 있는 결정이라는 평가를 받았다. 그린벨트로 인해 혜택을 받는 비(非)그린벨트 주민은 어떠한 형태라도 재산권행사에서 불이익 당하고 있는 그린벨트 주민에게 고마움을 표시해야 한다는 사회적 보상원칙에도 부합된다.

특히 주목되는 점은 그린벨트가 헌법정신에 어긋나지 않는다는 결정이었다. 다시 말해서 헌법재판소는 도시 확산을 방지하고 환경을 보호한다는 그린벨트 설치목적이 헌법에 위배되지 않는다고 판결한 것이다.

이러한 결정이 협의 회담장에 전달되면서 그린벨트 전면해제에 관한 논의는 더 이상 진행되지 못하고 「그린벨트 회담」은 종료되었다. 1999년에 이르러 그린벨트 전면해제 논의는 6개월 후로 연기되었다.[10]

---

10 한국경제, 1999.1.19.

제2절

환경평가와 「그린벨트 선언」

　정부는 1998년 4월 15일 「개발제한구역제도 개선협의회」를 구성한 이후 그린벨트의 제도개선을 위한 일련의 조치를 진행했다. 1998년 5월에 그린벨트에 대한 실태조사를 실시했다. 1998년 8월에 현지답사를 통해 영국의 그린벨트 실태를 파악했다. 1998년 10월에 제도개선 용역을 착수했다. 1998년 11월 25일에 제도개선시안을 발표했다. 그린벨트의 환경적 측면 조정의 기초자료로 활용하기 위해 1998년 10월부터 1999년 6월의 기간 동안 환경평가를 실시했다. 1998년 11월 27일에 그린벨트 보전을 실천하려는 시민환경단체인 「그린벨트 살리기 국민행동」이 서울 종로구 흥사단 빌딩에서 창립됐다. 1998년 11월 27일부터 12월 13일까지 학계 및 환경·시민단체 등과의 간담회와 전국 12개 시도에서의 공청회 등을 거쳐 개선시안에 대한 국민여론을 수렴했다. 그린벨트 해제의 객관성을 담보한다는 취지로 1998년 12월 12일 영국의 도시농촌계획학회에게 그린벨트 제도개선안 평가연구를 의뢰했다. 1998년 12월 24일에 정부·국책연구기관과 시민환경단체 대표와의 「그린벨트 회담」이 진행됐다. 같은 날 그린벨트에 대한 헌법불합치 판결이 내려졌다. 1999년 4월에 개선시안에 대한 평가가 있었다. 1999년 6월에 또다시 공개토론회가 개최됐다. 마침내 1999년 7월 22일에 「그린벨트 선언(Greenbelt Charter)」이라고 명명할 수 있는 「개발제한구역제도 개선방안」이 발표됐다. 이 발표의 내용을 실천하는 일환으로 1999년 12월에 광역도시계획수립 연구용역이 착수됐다.

대한민국 그린벨트 제도개선과정에서 『개발제한구역제도 개선을 위한 환경평가기준연구』와 『개발제한구역제도 개선안 평가연구』의 두 가지 연구는 매우 중요한 의미를 갖는다. 전자는 그린벨트에 관한 환경평가의 기준을 제시했고, 후자는 14개 권역에 관한 해제의 방향을 제시했기 때문이다. 이에 두 가지 내용을 상세히 검토해 보기로 한다.

01 그린벨트 환경평가

정부에서 제시한 그린벨트 제도개선 가운데 『개발제한구역제도 개선을 위한 환경평가기준연구』는 그린벨트 운영을 위해 매우 중요한 내용으로 평가되고 있다.[11] 환경평가는 그린벨트 내 토지의 환경적 가치를 평가하기 위한 것이다. 현재의 자연적 환경적 현황을 조사하여 보전가치가 높고 낮음을 평가하는 것을 의미한다.[12]

---

11 건설교통부, 1999, 개발제한구역제도 개선을 위한 환경평가기준연구; 국토교통부, 2011, 개발제한구역 40년: 1971-2011, 한국토지주택공사, pp. 230-233.
12 환경평가는 환경영향평가와는 다른 개념이다. 환경영향평가는 환경영향평가기법에

친환경적 차원에서 그린벨트를 조정하는 한편, 투명성과 객관성이 확보될 수 있도록 GIS기법을 이용하여 환경평가를 실시했다. 환경적 보전가치를 그린벨트 조정의 기초자료로 활용하기 위해 1998년 10월부터 1999년 6월의 기간 동안 환경평가를 실시했다. 연구대상은 전국 14개 도시권에 걸쳐있는 면적 5,397.1㎢인 전체 그린벨트와 그 영향권에 속한 도시의 도시계획구역으로 설정했다.

표 5.1 환경평가항목과 참여기관

평가항목	사용자료	목적	수행기관
표고	수치지형도	지형적 특성 분석	국토연구원
경사도	수치지형도	지형적 특성 분석	국토연구원
농업적성도	농업진흥지역도, 경지정리현황도, 용수공급현황도, 정밀토양도	농지의 활용성 분석	농촌경제연구원
식물상	임상도	임지의 자연성 분석	임업연구원
임업적성도	간이삼림토양도	임지의 생산성 분석	임업연구원
수질	하천수계도, 취수장 수질오염원지수, 폐수배출허용기준, 수질환경기준 목표등급	수질의 보전성 분석	환경정책평가연구원

출처: 건설교통부, 1999, 개발제한구역제도 개선을 위한 환경평가기준연구.
주: 국토연구원 등이 분석한 상기 환경평가결과 자료를 중심으로 재작성.

의해 시행되고 있는 방법으로 특정 사업으로 인하여 주변 환경에 미치는 영향을 사전에 예측·분석하여 환경에 부정적인 영향을 줄일 수 있는 방안을 강구하는 제도다.

이 과제는 국토연구원이 총괄했다. 농촌경제연구원, 임업연구원, 환경정책평가연구원이 참여했다. 이들 기관은 당초 환경적으로 유의한 12개 환경평가 지표를 검토했다. 그러나 조사·분석 기간의 한계와 수집된 자료의 객관성 확보가 어려워 현실적으로 적용 가능한 6개 항목을 선정했다. 6개 항목은 표고, 경사도, 농업적성도, 식물상, 임업적성도, 수질 등이다. 국토연구원은 표고와 경사도를, 농촌경제연구원은 농업적성도를, 임업연구원은 식물상과 임업적성도를, 환경정책평가연구원은 수질을 분석했다.

환경평가와 관련한 환경평가항목, 사용자료, 목적, 수행기관은 [표 5.1]과 같다.

표고

표 5.2 표고

(단위: m)

구분	수도권	부산권	대구권	광주권	대전권	마창진권	울산권
1등급	201	191	211	211	221	191	191
2등급	161–200	151–190	171–210	171–210	181–220	151–190	151–190
3등급	121–160	111–150	131–170	131–170	141–180	111–150	111–150
4등급	81–120	71–110	91–130	91–130	101–140	71–110	71–110
5등급	80	70	90	90	100	70	70
기준표고	40	30	50	50	60	30	30

출처와 주: [표 5.1]과 같음.

표고는 그린벨트가 지정되어 있는 모도시 중심업무지구(CBD)의 표고, 또는 기존 개발지의 평균표고를 기준으로 하여 등 간격으로 등급화했다. 기준표고는 도시권별 자연여건을 감안하여 설정했다. 등급별 표고 중 1 · 2 등급의 표고가 가장 높은 곳은 대전권으로 1등급이 221m, 2등급이 181-220m로 가장 높았다. 다음으로 대구권과 광주권은 1등급이 211m, 2등급은 171-210m다. 수도권의 1등급은 201m, 2등급은 161-200m다. 개발 가능한 4 · 5등급 표고의 경우도 대전권 지역이 각각 101-140m와 100m로서, 가장 높은 지역으로 지정됐다.표 5.2

경사도

경사도의 경우 국립지리원에서 발행한 수치지형도를 사용하여 경사도를 분석했다. 경사도에 따라 토지를 활용할 수 있는 정도에 의하여 등급을 구분했다. 1 · 2 등급의 경사도 지역은 26° 이상의 경사도 지역으로, 활용이 불가능하거나 어려움이 있어 절대 보전되어야 하는 것을 원칙으로 하는 지역이다. 3등급은 경사도 16°-25° 지역으로, 시설물 설치 시 경제성이 낮은 지역이다.표 5.3

표 5.3 경사도

구분	등급기준
1등급	36° 이상 (활용이 불가능한 지역)
2등급	26°-35° (활용에 어려움이 있는 지역)
3등급	16°-25° (시설물 설치 시 경제성이 낮은 지역)
4등급	6°-15° (활용이 가능한 지역)
5등급	5° 이하 (평탄지)

출처와 주 : [표 5.1]과 같음.

농업적성도

농업적성도는 경지정리, 용수공급시설 등 농업기반시설의 정비 여부와 농지의 생산성을 기준으로 등급화했다. 1등급지역은 농지를 효율적으로 활용해 농업용도로의 토지이용이 이루어는 농업진흥지역이다. 보전이 가능한 지역을 의미한다. 2등급지역의 경우도 경지정리와 용수개발이 완료되어 농업적 토지이용이 가능한 지역이다. 표 5.4

표 5.4 농업적성도

구분	등급기준
1등급	농업진흥지역
2등급	경지정리완료지구 또는 용수개발완료지구
3등급	경지정리예정지구 또는 용수개발예정지구/ 농지생산성 1, 2등급
4등급	농지생산성 3, 4등급
5등급	농지생산성 5급지 / 삼림지 및 기타 용도의 토지

출처와 주: [표 5.1]과 같음.

식물상

식물상은 식물군락의 자연성 정도에 따라 등급화했다. 자연성의 판단은 임상도에 나타나 있는 임종, 임상, 영급, 소밀도 등의 소 항목을 활용했다. 식물상 1등급지나 2등급지는 자연성정도가 아주 우수한 지역이다. 1등급지는 영급 41년 이상의 이차 천연림이다. 2등급지는 영급 21-40년 된 이차 천연림이거나, 영급 41년 이상의 인공림이다. 표 5.5

표 5.5 식물상

구분	등급기준	
	자연성 정도	임상도구분
1등급	아주 우수	영급 41년 이상의 이차천연림
2등급	우 수	영급 21~40년 된 이차천연림 / 영급 41년 이상의 인공림
3등급	중 간	영급 20년 이하의 이차천연림
4등급	낮 음	영급 21~40년된 인공림
5등급	아주 낮음	무입목지, 임간나지, 제지 / 농지 및 기타용도의 토지

출처와 주: [표 5.1]과 같음.

임업적성도

임업적성도는 산림토양, 건습도 등을 고려하여 평가한 간이산림토양도 상의 임지 생산능력을 기준으로 등급화했다. 임지에서 한 수종이 생존하면서 성공적으로 경쟁할 수 있는 임지생산능력이 가장 높은 순서대로 1등급지부터 5등급지로 분류했다. 각각 절대보전지역인 1·2등급부터 5등급까지 지정했다.표 5.6

표 5.6 임업적성도

구분	등급기준
1등급	임지생산능력 1급지
2등급	임지생산능력 2급지
3등급	임지생산능력 3급지
4등급	임지생산능력 4급지
5등급	임지생산능력 5급지 / 농지 및 기타용지의 토지

출처와 주: [표 5.1]과 같음.

수질

수질은 수질에 영향을 미치는 수질오염원, 취수원으로부터의 거리, 폐수배출허용기준, 수질목표등급 등의 각 요소를 기준으로 등급화했다. 분석의 공간적 단위는 소하천유역을 중심으로 했다. 각 등급별 네 가지 지표를 구분했다. 8점단계로 항목마다 분류하여 점수를 모아 등급지별 등급기준을 설정했다.표 5.7

표 5.7 수질

구분	8점	7점	6점	5점	4점	3점	2점	1점	0점
수질오염원지수	–	–	–	–	건폐지 0.01% 이하	건폐지 0.01–0.1%	건폐지 0.1–1.0%	건폐지 1.0–5.0%	건폐지 5.0% 초과
취수구와의 거리	상류 2km 이내	상류 2–5km 이내	상류 6–10km	상류 11–15km	상류 16–20km	상류 21–25km	상류 26–30km	상류 30km	하류지역
폐수배출허용기준					청정지역		가지역		나지역
수질목표등급					1등급	2등급	3등급	4등급	5등급

구분	등급기준
1등급	18–20점
2등급	14–17점
3등급	10–13점
4등급	6–9점
5등급	0–5점

출처와 주: [표 5.1]과 같음.

환경평가 분석결과

이상의 기준으로 그린벨트를 평가한 후 등급을 5개 등급으로 나누었다. 1등급이 환경적 가치가 높고, 5등급이 낮다. 그리고 「상위등급우선원칙」을 적용하여 종합등급도를 작성했다. 이들 기관은 환경평가기준 '1·2등급은 보전지역으로, 4·5등급은 도시용지로, 3등급은 도시여건에 따라 보전 또는 도시용지로 활용할 수 있다.'는 의견을 제시했다. 이러한 연구내용은 대한민국 그린벨트 관리의 확고한 정책지침이 됐다.

환경평가 등급화 결과 각 등급별 면적비율이 추정됐다. 1등급은 25-35%, 2등급은 25-35%, 3등급 20-30%, 4등급 5-15%, 5등급은 5% 미만으로 나타났다. 분석결과를 보면, 같은 도시권 및 도시 내에서도 평지와 임야에 따라 등급면적비율의 차이가 크게 드러났다. 보전등급이 낮은 지역 안에 보전가치가 높은 소규모 지역이 포함되어 있는 경우가 있었다. 반대로 보전등급이 높은 지역 안에 보전가치가 낮은 소규모 지역이 산재해 있는 경우도 나타났다. 분석결과 제시된 환경평가기준에 대해 사용 자료의 정확도 및 시차 등을 고려하여 관련 지자체에서 현장실사를 포함한 환경평가를 실시했다. 현실과 부합되지 않는 일부 항목의 경우 최근의 변화를 보완할 수 있도록 했다.

연구결과 도출된 환경평가결과를 토대로 그린벨트의 제도개선을 위한 활용방안이 제시됐다. 주요 내용은 다음의 두 가지다.

첫째는 그린벨트를 부분조정하는 도시의 경우다. 보전가치가 높은 지역은 그린벨트로 계속 존치하되, 보전가치가 낮은 지역은 해제해도 환경훼손의 우려가 적을 것으로 판단했다. 그러나 도시의 무질서한 확산을 효과적으로 방지하고 지속가능한 도시발전을 유도하기 위해서는 환경평가와 아울러 도시계획적 접근이 필요하다고 제시했다. 즉, 보전가치가 낮은 지역이 점적·선적 형태 등 부정형으로 분포하여 구역해제 시 효율적인 토지이용이 어려울 경우, 도시계획 수립과정에서 인접지역을 가감하여 정형화된 면적 형태로 해제하는 것이 바람직하다고 제안했다. 또한 보전가치가 낮은 지역 내 보전가치가 높은 지역이 소규모로 산재한 경우에는 도시계획 수립과정에서 공원, 보전녹지지역, 생산녹지지역 등으로 지정하는 것이 좋다고 제안했다. 보전가치가 높은 지역 내 보전가치가 낮은 지역이 소규모로 산재된 경우에는 그린벨트로 존치하되 규제완화를 통해 주민생활의 불편을 완화하는 것이 바람직하다고 제시했다. 아울러 도시계획수립 시에는 개별도시뿐만 아니라 도시권 차원에서 구역안팎의 기능분담, 녹지체계, 광역교통망 등에 대한 종합적인 검토가 필요하며, 수도권 등과 같이 그린벨트가 여러 행정구역에 걸쳐있는 경우에는 광역도시계획 수립이 필요하다고 제안했다.

둘째는 그린벨트가 전면 해제되는 경우다. 그린벨트가 전면 해제되는 경우라 하더라도 ① 보전가치가 높게 평가된 지역은 도시계획상 보전녹지, 생산녹지 또는 공원으로 지정하여 보전 관리하고, ② 하위등급지역에 대해서는 도시계획절차에 따라 도시의 여건에 맞게 이용 관리하도록 제안했다.

02 개발제한구역제도 개선안 평가연구

정부는 제도개선시안에 대한 주민, 환경단체, 언론 간에 의견차이가 매우 커서 의견조정을 위한 권위 있는 검증의 필요성이 있다고 판단했다. 이런 관점에서 정부는 그린벨트 해제의 객관성을 담보한다는 취지로 1998년 12월 12일 영국의 도시농촌계획학회(Town and Country Planning Association, TCPA)에게 『개발제한구역제도 개선안 평가연구』를 의뢰했다. TCPA는 1899년 설립된 도시계획분야의 학회로서 세계 최초로 그린벨트제도를 연구한 바 있다. 연구에는 TCPA 원로인 지리학자 피터 홀(Sir Peter Hall) 교수를 비롯하여 그린벨트 전문가인 옥스퍼드 대학의 마틴 엘슨(Martin Elson) 교수 등 12명이 참여했다. 연구를 수행하는 동안 TCPA 연구진은 1998년 12월 9일과 1999년 3월 2일 두 차례 방한했다. 그린벨트의 실태를 조사하고 연구기관과 환경단체 및 주민대표 등의 의견을 청취했다.

TCPA의 연구는 1999년 4월 8일까지 4개월 동안 진행됐다. 영문으로 제출된 보고서는 대한국토·도시계획학회에 의해 번역됐다. 연구보고서는 제1부와 제2부로 구성되어 있다. 제1부는 그린벨트 제도개선방안에 대한 TCPA의 검토의견을 수록하고 있다. 제2부는 그린벨트 제도 이외의 토지이용제도에 대한 장기적인 제도개선방향을 담고 있다.[13]

연구결과는 1999년 6월 3일 국토연구원 강당에서 연구결과발표회를 통해 보고됐다.[14] 연구에서는 '① 중소도시의 전면해제 등을 담은 개선시안의

---

13 건설교통부, 1999, 개발제한구역제도 개선안 평가연구, 한국토지공사.

14 연구결과는 영국 허트포드셔(Hertfordshire) 대학의 스틸리(Geoffrey Steeley) 교

주요내용에 동의한다. ② 대도시지역은 환경평가 의존보다는 광역도시계획을 수립하여 구역을 조정할 필요가 있다. ③ 환경평가는 구역 조정의 객관성, 과학성을 높여줄 수는 있으나 이것만으로는 불충분하다. ④ 대규모 집단취락은 우선 해제하고 소규모 취락은 구역으로 유지하되 규제를 완화하는 것이 바람직하다.'는 의견을 제시했다.

03 「그린벨트 선언(Greenbelt Charter)」

1997년 12월 대통령 선거공약에서 촉발된 그린벨트 조정 작업은 논의가 시작된 후 1년 8개월의 기간이 흐른 1999년 7월 22일에 그린벨트 제도에 관한 역사적 개선안인 「개발제한구역제도 개선방안」으로 발표됐다.

「개발제한구역제도 개선방안」은 제도의 실효성이 없다고 판단되는 지역에 대해서는 그린벨트를 전면 해제하고, 그린벨트를 존치하는 지역 중에서도 보존가치가 낮은 곳에 대해서는 부분적으로 조정하는 등의 구역조정을 담고 있는 대대적인 제도개편방안이다. 1999년 7월 22일 건설교통부 이건춘 장관은 정부를 대표해서 그린벨트 조정원칙에 관한 역사적인 대 국민담화를 발표했다. 그린벨트 관리에 관한 일종의 「그린벨트 선언(Greenbelt Charter)」 이라고 평가할 만한 내용이었다(별첨 박스 내용).

수가 발표했다. 사회는 최상철 교수가 맡았다. 권용우 교수, 진영환 박사, 허재완 교수 등이 토론자로 나섰다. 주민, 환경단체, 출입기자, 공무원 등 60여 명이 회의에 참석했다.

건설교통부 이건춘 장관 개발제한구역제도 개선 발표문, 1999. 7. 22.

- 정부는 지난해 2월「국민의 정부」의 출범과 함께 그린벨트 제도의 개선작업에 착수했습니다. 국민여러분의 많은 관심과 참여 속에, 제도개선을 시작한 지 1년 5개월이 지난 오늘 최종적인 개선방안을 확정 발표하게 되었습니다.

- 그린벨트는 지난 1971년부터 1977년에 이르기까지 모두 여덟 차례에 걸쳐 전국의 14개 도시권 외곽에 지정된 지역입니다. 그동안 산업화와 도시화가 빠른 속도로 진행되는 과정에서 도시의 무질서한 확산을 방지하고 자연환경을 보전하는데 많은 기여를 해왔습니다. 일부 지역이 불합리하게 포함되거나 엄격한 규제 때문에 주민생활에 불편이 생겨나고 재산권이 지나치게 제한되는 문제점도 없지 않았습니다. 또한 지난 30년간 우리도시가 급격히 성장해오면서 이제는 그린벨트의 역할과 기능도 새로이 바뀌어야 한다는 의견도 제기되었습니다.

- 새로운 천년을 앞에 두고 우리 국토를 보다 환경친화적으로 이용·관리해 나가야 한다는데 국민적 합의가 이루어지고 있습니다. 이번 그린벨트의 제도개선은 이러한 국민적 합의를 바탕으로 지역주민의 생활불편을 해소하면서 21세기 우리의 도시를 보다 건강하게 발전시키고자 취해지는 조치입니다.

- 정부는 지난해 4월 환경단체와 그린벨트 주민 그리고 언론과 도시계획 전문가 등 각계의 대표로「제도개선협의회」를 발족시킨 이래 이 협

의회가 중심이 되어 많은 연구와 검토 끝에 지난해 11월 발표한 제도개선 시안에 대하여 전국 12개 도시에서 공청회를 개최하여 국민여론을 수렴하였습니다

• 제도개선 시안에 관한 각계각층의 견해 차이를 해소하기 위해 과학적이고 객관적인 조정기준을 마련하고자 도시계획과 환경 분야의 5개 전문기관을 통해 환경평가와 도시여건에 대한 연구도 실시하였습니다. 또한 영국 그린벨트를 창시한 바 있는 「도시농촌계획학회」에 의뢰하여 우리의 개선시안을 보다 중립적이고 국제적인 시각에서 평가하는 기회도 가졌습니다.

• 이러한 과정에서 지역주민과 환경단체간에 첨예한 의견대립이 있었으며, 아직까지 각자의 이해와 입장이 완전히 합치되지는 않았지만, 이제 정부는 보다 대국적 견지에서 이를 매듭짓고 미래를 향한 새로운 출발을 시작하고자 합니다.

• 이에 정부는 특정 이해관계에 치우침이 없이 국가 100년 대계를 생각하면서 국토관리에 대한 확고한 원칙과 비전을 갖고 제도개선에 임하고자 합니다.

• 먼저 어떤 일이 있더라도 **도시주변의 자연환경은 보전**하겠습니다. 다만, 그린벨트이긴 하지만 실제로는 그 역할과 기능을 수행하지 못하는 지역에 대하여는 이번 기회에 지역주민들이 오랜 동안 겪어온 재산권의 제한과 생활의 불편을 해소해 나가고자 합니다.

- 둘째, 새로이 조정될 그린벨트는 어느 지역을 막론하고, 『**선계획-후해제**』의 원칙을 따르도록 하겠습니다. 세밀한 환경평가와 도시계획을 통하여 자연환경을 최대한 보전하되, 개발이 불가피한 경우에도 계획적이고, 단계적으로 추진함으로써 환경훼손과 난개발은 철저히 방지해 나가고자 합니다.

- 셋째, 그린벨트로 계속 유지되는 지역에서는 이를 더욱 철저하게 보전 관리토록 하겠습니다. 그린벨트가 진정한 「녹지」로서 시민들이 보다 가까이 할 수 있는 쾌적한 휴식공간이 될 수 있도록 관리해 나가겠습니다.

- 넷째, 앞으로도 계속 그린벨트로 남게 되는 지역에 여러분들이 살고계십니다. 이 지역주민들에게는 합리적인 수준의 토지이용을 허용하여 생활여건을 개선하고, 적절한 보상대책도 강구하겠습니다.

- 또한 이번 제도개선을 틈타 투기가 일어나거나 땅값 상승으로 인한 이익이 일부 소수에 돌아가지 않도록 해야 하겠습니다. 모든 행정력을 동원하여 투기적 거래행위를 차단하고 지가상승 이익을 환수해 나가고자 합니다.

- 이러한 확고한 원칙하에 전국 14개 도시권의 그린벨트를 다음과 같이 조정하고자 합니다.

- 먼저, 도시의 무질서한 확산과 자연환경을 보전한다는 제도의 본래 취지와는 맞지 않게 지정되어 있는 도시권에서는 **그린벨트를 해제**하도록 하겠습니다. 춘천권·청주권·전주권·여수권 그리고 전주권과 통영권·제주권 등 7개 중소 도시권이 이에 해당합니다.

- 이들 지역에 대하여는 이미 환경평가와 도시여건에 대한 분석을 했습니다만, 앞으로 이를 다시 한번 검증하고 도시계획을 수립해서 환경적으로 보전가치가 높은 지역은 「보전지역」으로 미리 지정한 후 그린벨트를 조정하겠습니다.

- 그린벨트가 필요하다고 인정되는 나머지 7개 도시권, 즉 수도권, 부산권, 대구권, 광주권 그리고 대전권, 울산권, 마산·창원·진해권은 기본골격을 유지하면서 이를 부분적으로 조정하고자 합니다.

- 이들 대도시권에서도 보전가치가 높은 지역은 그린벨트로 계속 유지하되, 보전가치가 낮은 지역에 대하여는 광역도시계획을 수립해서 이를 조정토록 하겠습니다. 이를 통해 이들 해제지역은 지역적 특성에 따라 환경친화적인 거주단지 위주로 개발 또는 정비하고 주변자연을 가급적 그대로 보전토록 함으로써 도시의 건전한 발전이 이루어지도록 하겠습니다.

- 이들 7개 대도시권에는 이미 대규모 취락이나 산업단지를 이루고 있는 지역, 그리고 마을 한가운데로 경계선이 지나가는 취락, 당초 지정목적이 더 이상 필요 없게 된 지역 등이 있습니다. 이러한 지역은 가장 우선적으로 해제하겠습니다.

- 한편, 이번 제도개선이 이루어져도 그린벨트로 계속 남게되는 작은 취락들이 있습니다. 이들 지역은 취락지구로 지정하여 일상생활에 불편이 없도록 규제를 완화하며, 주택자금을 융자하고, 도로·상하수도 등

기반시설도 적극 설치할 계획입니다.

- 앞으로 지역별로 추진될 환경평가 검증이나 각종 도시계획을 수립해 나가는 과정에서 지역주민은 물론 환경 및 도시계획 전문가 그리고 다양한 이해관계 집단을 참여시켜, 보다 민주적이고 투명한 계획이 이루어지도록 하겠습니다.

- 이제 지난 30년 간 유지되어온 그린벨트제도가 이제 새로운 모습으로 거듭나게 됩니다. 그러나 우리국토는 그린벨트뿐만 아니라 농림지역이나 자연환경보전지역 등 보전하고 가꾸어 나가야 할 지역이 많이 있습니다.

- 앞으로 정부는 시민들이 보다 가까이 할 수 있는 곳에 많은 녹지공간을 확보해서 선진국 못지않게 푸르고 계획적인 도시를 가꾸어 나가는데 앞장 서겠습니다.

- 도시 인근의 농촌지역에 대해서도 자연경관을 해치는 무질서한 건축물이나 국민정서에 반하는 시설들이 들어서지 않도록 관련 제도를 정비해 나가고자 합니다.

- 도로나 댐과 같이 국토개발에 필요한 각종 건설사업에 있어서도 무엇보다 자연환경을 보전하는데 힘써 나가겠습니다.

- 환경과 개발이 잘 어우러진 21세기 살기좋은 국토를 만들어 나가는데 최선을 다하겠습니다. 여러분의 많은 성원을 바라마지 않습니다. 감사합니다.

04 그린벨트제도 개선에 관한 구체적 내용

1999년 7월 22일 발표문과 함께 그린벨트 제도개선방안에 대한 보다 구체적인 내용이 발표되었다. 그 내용은 아래와 같이 정리할 수 있다.

기본방향

이 발표에서 천명한 제도개선방안의 기본방향은 다음의 네 가지 내용으로 정리된다. 첫째로 그린벨트 제도의 기본 골격은 유지하되, 「先 환경평가 및 도시계획 後 해제」 방식으로 조정한다. 시가지 확산압력이 낮고 환경훼손의 우려가 적은 도시권은 해제하되, 보전가치가 높은 지역을 보전·생산녹지, 공원 등 보전지역으로 지정한다. 시가지 확산압력이 높고 환경훼손의 우려가 큰 도시권은 그린벨트를 유지하되, 보전가치가 낮은 지역을 선별하여 부분 해제한다. 다만, 대규모 집단취락, 산업단지, 경계선이 마을을 관통하는 지역 등 불합리한 지역은 우선적으로 해제한다. 그린벨트로 계속 유지되는 지역은 철저히 관리하되, 주민생활의 불편을 완화하고 지원·보상대책을 강구한다.

둘째로 그린벨트가 엄정하게 조정되도록 지방자치단체에 명확한 조정기준과 절차를 시달한다. 지자체가 주민·환경단체 등의 의견을 충분히 수렴하여 투명하고 엄정한 절차에 따라 조정하는지 확인하여 승인한다.

셋째로 그린벨트 해제로 발생하는 지가상승이익을 환수하고 철저한 투기방지대책을 강구한다.

넷째로 장기적으로 친환경적 국토관리를 위한 제도개선도 추진한다.

중소도시권의 전면해제와 환경평가 1·2등급 지역

도시의 무질서한 확산과 도시주변 자연환경 훼손의 우려가 적은 7개 도시권은 그린벨트를 해제하기로 방침을 정했다. 춘천권(2001.8), 제주권(2001.8), 청주권(2002.1), 여수권(2002.12), 전주권(2003.6), 진주권(2003.10), 통영권(2003.10)을 순차적으로 해제했다.

해제되는 도시권에서 무분별한 개발이 일어나는 것을 방지하기 위하여 먼저 도시계획을 수립한 후 해제하는「선 환경평가 및 도시계획 후 해제」 방식으로 추진했다. 지방자치단체별로 국토연구원 등이 실시한 환경평가의 결과를 검증한 후, 도시전체를 대상으로 하는 도시계획을 입안하되, 환경적 요소를 최우선적으로 고려했다.

특히 환경평가 결과 1-5등급 중 상위 1·2등급에 해당하는 보전가치가 높은 지역은 보전·생산녹지지역, 공원 등 보전지역으로 지정했다. 상위 1·2등급 지역은 구역면적의 60% 내외다. 또한 도시권별로 보전지역으로 지정하는 면적은 환경평가 1·2등급 면적의 총량이 유지되도록 했다.

3-5등급은 그린벨트의 용도지역인 자연녹지지역으로 했다. 장기 도시발전방향을 감안하여 단계적으로 도시용지로 활용하는 내용의 도시계획을 입안했다. 3-5등급 지역은 구역면적의 40% 내외다. 보전녹지지역 등 지정에 관한 도시계획 결정이 된 도시에 대해서는 그린벨트를 해제했다.

대도시권의 조정가능지역과 환경평가 1·2등급 지역

시가지 확산압력이 높고 환경관리의 필요성이 큰 7개 대도시지역인 수도권, 부산권, 대구권, 광주권, 대전권, 울산권, 마산·창원·진해권은 광역도시계획을 세워 부분적으로 조정했다.

건설교통부와 지방자치단체가 공동으로 광역도시권의 장기발전방향을 제시하는 광역도시계획을 수립했다. 광역도시계획 수립 시 도시의 공간구조와 환경평가 결과를 감안, 그린벨트 중 「조정가능지역」을 설정했다. 공공주택건설, 수도권 소재 기업본사와 공장의 이전 유치 등 공공·공익상의 개발수요를 수용키로 하되, 개발수요에 따라 2020년까지 단계적으로 그린벨트를 해제했다. 다만, 대규모취락, 산업단지, 경계선 관통취락, 지정목적이 소멸된 고유목적 지역 등 불합리한 지역은 우선 해제했다.

수도권, 부산권, 대구권, 광주권, 대전권, 울산권, 마산·창원·진해권 등 7개 권역 또한 환경평가 후 5개 등급지로 분류했다. 상위 1·2 등급지는 보전지역으로 지정했다. 하위 4·5 등급지는 개발가능지로 지정했다. 3등급지는 광역도시계획에 따라 보전 또는 개발가능지로 지정했다. 3등급지는 구역면적의 25% 내외다.

해제되는 지역과 환경평가등급지역

그린벨트의 해제가 진행되면 해제 시 우려되는 무질서한 개발을 방지하고 환경 친화적인 도시를 형성하기 위한 대책을 강구해야 했다. 해제되는 지역 중 개발이 가능한 지역은 친환경적 계획을 먼저 수립한 후 개발했다. 해제되는 지역은 지구단위계획에 의한 계획적 개발을 유도했다. 지구단위계획 미 수립 시에는 자연녹지지역으로 지정했다. 그린벨트의 해제로 발생하는 지가상승 이익을 환수하기 위해 원칙적으로 국가·지자체 등 공공기관에 의한 공영개발방식으로 개발했다.

이와 같은 내용을 담은 그린벨트 제도 개선방안은 [표 5.8]과 같이 정리될 수 있다.

표 5.8 그린벨트제도 개선방안, 1999.7.22

분류	내용

전면
해제
	• 춘천, 청주, 전주, 여수, 진주, 통영, 제주 등 7개 중 · 소도시 권역
	• 환경평가 후 5개 등급지 분류
	   – 상위 1 · 2등급지(구역면적의 60%) : 보전지역 지정
	   – 나머지 3-5등급지(구역면적의 40%) : 개발가능지 지정

부분
해제
	• 수도권, 부산권, 대구권, 광주권, 대전권, 울산권, 마산 · 창원 · 진해권
	  등 7개 대도시 권역 환경평가 후 5개 등급지 분류
	   – 상위 1 · 2 등급지 : 보전지역 지정
	   – 하위 4 · 5 등급지 : 개발가능지 지정
	   – 3등급지 : 광역도시계획에 따라 보전 또는 개발가능지로 지정(25% 내외)

우선 해제	• 인구 1천 명 이상 거주 취락지(30개소) • 그린벨트 경계선 관통취락(52개소) • 산업단지 및 지정목적 소멸된 특수 목적지
해제 지역 관리	• 도시계획수립 후 그린벨트 해제 • 개발부담금 양도소득세 중과 • 개발 사업은 공영개발 유도, 개발 사업 시 공공시설 설치 의무화
유지 지역 관리	• 구역훼손부담금 부과 • 취락지구 집중육성, 계획적 개발유도를 위해 건폐율 확대, 이축자금 지원 • 복지시설 신축허용 : 테니스장 등 옥외 체육시설, 자연친화적 휴양시설 – 매수청구권 및 토지우선 분양권 부여

출처: 건설교통부, 1999.7.22, 개발제한구역제도 개선방안.
주: 상기 자료를 기본으로 재정리.

이상에서 고찰한 1999년 7월 22일에 정부가 발표한 그린벨트 제도개선방안의 핵심은 "환경평가 1 · 2등급지역은 묶고, 4 · 5등급지역은 푼다. 3등급지는 광역도시계획에 따라 묶거나 푼다."라고 요약 정리할 수 있다.

제3절

전면해제와 부분조정

01 7개 중소도시권의 전면해제

친환경적 도시기본계획 수립지침

정부는 그린벨트가 전면 해제되는 춘천, 청주, 여수, 전주, 진주, 통영, 제주시 등의 중소도시권이 무분별한 개발로 인해 자연환경이 훼손되지 않도록 계획했다. 1999년 9월에 「친환경적 도시기본계획 수립지침」을 제정하여 관리하도록 했다. 이 수립지침에는 7개 중소 그린벨트 해제도시권의 도시기본계획 수립에 대한 기본방향이 제시되어 있다. 7개 도시권은 그린벨트 해제를 하려면 이 수립지침에 따라 반드시 도시기본계획을 수립해야 한다.

이 수립지침은 도시기본계획 수립에 대한 일반적인 사항과 함께 그린벨트에 대한 관리원칙을 제시하고 있다. 그린벨트가 해제되는 도시는 녹지가 단절되지 않고 벨트형태를 유지해야 한다. 해제된 지역이 계획적으로 보전·개발되도록 계획해야 한다. 주변의 자연환경과 어울리도록 친환경적 개발을 시행해야 한다. 해제지역의 관리에 대한 기본원칙과 관리방안은 다음과 같다.

기본원칙

해제지역 중 보전가치가 높은 지역은 보전용지로 계획한다. 보전가치가 낮은 지역은 토지수요를 감안하여 한꺼번에 무질서하게 개발되지 않도록 단계적 개발을 계획한다. 해제지역은 기존시가지는 자연녹지지역을 포함하면서 보다 저밀도로 계획한다. 특히 주변의 자연환경과 조화되도록 친환경적으로 계획한다. 그린벨트가 해제되는 도시에 대하여는 저밀도 친환경적으로 도시가 관리되도록 하기 위해 도시기본계획수립지침에 토지이용·환경보전계획에 관한 내용을 강화한다. 토지이용계획에「선 계획 후 개발」체제를 정립하여 계획이 수립된 토지에만 토지용도를 부여한다.

그린벨트에서 해제되는 도시는 광역도시계획에 준하여 개발축·녹지축·교통축을 계획토록 한다. 해제지역은 도시권의 공간구조구상에 따라서 토지용도를 부여한다. 환경평가 1·2 등급 토지는 원칙적으로 보전용지로 지정한다. 그린벨트에서 조정되는 지역은 일시에 개발하지 않는다. 장래 개발수요 등을 고려하여 개발의 우선순위를 설정하여 단계적으로 개발토록 한다. 토지이용규제를 완화할 경우 수질에 영향이 미친다고 판단되는 지역은 보전용지로 지정한다. 관계법령에 의한 상수원보호구역, 수변구역, 특별대책지역 등의 지역으로 지정한다.

종래 구체적인 개발계획이 없는 경우 개발이 필요한 지역은 도시기본계획에서 시가화예정용지로 먼저 지정한다. 상세계획을 수립한 후 계획의 내용에 따라 도시계획에서 용도지역을 부여하는 방식으로 전환한다. 그동안 경관계획이 소홀히 취급되어 왔다. 이에 도심지 경관관리, 역사·문화유적의 보전, 랜드마크 등을 조망할 수 있도록 경관관리방향을 제시한다.

해제지역의 관리

환경평가 1·2등급 토지와 상수원수질과 관련이 있거나 식물상이 양호한 환경평가 3등급 토지는 원칙적으로 보전용지로 지정한다. 환경평가 1·2등급 토지가 대규모로 분포되어 있는 지역 내에 환경평가 3-5등급 토지가 소규모로 산재되어 있는 경우 지역전체를 보전용지로 계획한다.[15]

환경평가 3-5등급 토지가 일정규모 이상 분포되어 있는 지역 중 ① 도시공간구조상 개발 축상에 있는 지역으로서 생활권 형성 등 개발될 것으로 예상되는 지역과 ② 상습수해지역 등 재해가 빈발하는 지역이 아니면서 수질과 관련하여 하천 및 상수원 오염 등의 문제가 없는 지역에 모두 해당되는 경우에는 먼저 자연녹지지역으로 지정하고, 시가화예정용지로 계획하며, 나머지는 보전용지로 계획한다. 그리고 환경정책기본법 제22조의 규정에 의하여 지정된 특별대책지역은 보전용지로 계획한다.

해제지역 중 시가화예정용지로 지정된 지역에 대해서는 장래 개발수요 등을 고려하여 개발 시기 등을 검토하고 개발의 우선순위를 설정하여 단계적으로 개발하는 방안을 제시한다. 그린벨트에서 조정되는 지역의 취락 또는 취락 군이 도시공간구조상의 일정한 거점역할을 수행할 필요가 있다고

---

15 건설교통부, 1999.9, 친환경적 도시기본계획수립지침, 별첨 6.

인정되는 경우에는 ① 근린생활권을 구상하고, ② 도심 및 타 생활권과 연계하는 교통시설 및 도시기반시설을 계획하되, ③ 원칙적으로 보전가치가 낮은 토지를 활용하도록 한다.

소규모 취락은 규모, 인접 취락과의 거리, 인접 지역의 토지이용상태 등의 연계성을 검토하여 취락지구로 정비하는 방안을 검토한다.

해제지역에는 원칙적으로 환경오염의 우려가 있는 제조업, 관광·위락단지 등의 입지를 억제한다. 다만, 실업해소·지역균형개발을 위한 경우에는 예외적으로 허용한다. 이 경우에 철저한 환경보전대책을 미리 수립한 후 입지할 수 있도록 계획한다. 그리고 그린벨트가 부분 해제되는 도시권에서는 도시기본계획의 내용 중 그린벨트의 조정에 관한 사항은 광역도시계획 수립지침이 정하는 바에 따라 계획을 수립하도록 한다. 조정내용에 대해서는 사전에 건설교통부장관과 협의하여야 한다.

그린벨트의 해제는 ① 환경평가 검증 및 도시계획기초조사 실시(시장·군수) ② 도시기본계획 수립(시장·군수 입안, 국토부장관 승인) ③ 도시관리계획 수립(시장·군수 입안, 국토부장관 결정)의 절차로 진행한다. 곧 그린벨트 해제 절차는 지자체에서 먼저 계획을 수립한 후, 국토교통부 중앙도시계획위원회 심의를 거쳐 국토교통부장관이 결정하는 순서로 진행하게 된다.

그린벨트의 해제

「친환경적 도시기본계획 수립지침」에 따라 2001년 8월 춘천시와 제주시를 시작으로 7개 중소도시는 도시기본계획을 수립하여 총 1,103.09㎢에 달하는 그린벨트를 모두 해제했다.표 5.9

표 5.9 중소도시권의 그린벨트 해제 경과

시 · 도	지역명	해제면적(㎢)	해제일
계	7개권	1,103.09	
강원도	춘천시(홍천군 포함)	294.4	2001. 8
제주도	제주시(북제주군 포함)	82.6	2001. 8
충청북도	청주시(청원군 포함)	180.1	2002. 1
전라남도	여수시	87.59	2002.12
전라북도	전주권(김제시 · 완주군 포함)	225.4	2003. 6
경상남도	진주시(사천시 포함)	203.0	2003.10
경상남도	통영시	30.0	2003.10

출처와 주: 국토해양부, 2011, 개발제한구역 40년: 1971–2011, 한국토지주택공사, p. 283을 기초로
재작성.

02 7개 대도시권의 부분조정

　　건설교통부는 1999년 도시계획법 개정작업 시 도시기본계획의 상위계
획으로 광역도시계획 제도를 도입했다. 특히 그린벨트 조정과 관련하여
1999년 9월 15일에 「2020년 광역도시계획 수립지침」을 제정하여 광역도
시계획 수립과 그린벨트의 합리적인 조정을 위한 기본방향을 제시했다.

　　광역도시권의 대상지역은 그린벨트가 부분 해제되는 수도권, 부산권, 대
전권, 광주권, 대구권, 마산 · 창원 · 진해권 등 6개 도시권이다. 다만 울산
권은 광역도시계획 수립지침을 적용하여 도시기본계획을 수립하도록 했
다. 이들 부분 조정되는 7개 대도시권은 「광역도시계획수립지침」에 의해

관리된다.

    7개 대도시권은 광역도시계획에 의하여 조정가능지역이 설정되고, 조정가능지역과 연계하여 해제조정지역이 결정된다. 따라서 7개 대도시권은 원칙적으로 해제되는 것이라기보다는 조정되는 것으로 정리된다. 그리고 이러한 내용은 광역도시계획을 전체적으로 파악하면서, 조정가능지역과 환경평가등급지역과의 관계 아래 설명되는 것이 바람직하다. 이에 다음 장에서 이러한 내용을 상세하게 고찰하기로 한다.

제 6 장

환경평가 1·2 등급지역

• • •
제1절

광역도시계획

정부는 도시 간의 연담화를 방지하기 위해 광역적인 차원에서 그린벨트를 조정해야 한다는 방침을 검토했다. 이와 같은 조치는 영국의 도시농촌계획학회(TCPA)가 '한국의 대도시권 그린벨트는 광역도시계획을 통해 조정하는 것이 타당하다.'고 건의한 점을 반영한 결과다.[1] 정부는 시가지 확산압력이 높고 환경관리의 필요성이 큰 수도권 등 7개 도시권은 광역도시계획을 세워 그린벨트를 부분적으로 조정하는 정책을 시행했다.

정부는 건설교통부와 지자체가 공동으로 광역도시권의 장기발전방향을 제시하는 광역도시계획을 수립하도록 했다. 계획 수립 시 도시의 공간구조와 환경평가 결과를 감안하여 그린벨트 중 조정이 가능한 지역(이하 "조정가능지역")을 설정하도록 했다. 조정가능지역에서는 공공주택건설, 수도권 소재

---

1 이러한 건의에 따라 1999년 9월에 건설교통부에서는 「개발제한구역안의 대규모 취락 등에 관한 도시계획(그린벨트) 변경(안) 수립지침」을 발표했다. 동 지침에서는 그린벨트가 지정되어 있는 수도권 등 7개 대도시권에서의 구역조정을 위해서는 광역도시계획에 포함하여 조정할 수 있도록 조치했다.

기업본사와 공장의 이전유치 등 공공 및 공익상의 개발수요를 수용키로 했다. 그리고 개발수요에 따라 2020년까지 단계적으로 그린벨트를 조정하도록 했다. 다만, 대규모 취락, 산업단지, 경계선 관통취락, 지정목적이 소멸된 고유목적의 지역 등 불합리한 지역은 우선 해제하도록 했다.

01 2020년 광역도시계획 수립지침

건설교통부는 1999년 도시계획법 개정작업 시 도시기본계획의 상위계획으로 광역도시계획 제도를 도입했다. 특히 그린벨트 조정과 관련하여 1999년 9월 15일 「2020년 광역도시계획 수립지침」을 제정하여 광역도시계획 수립과 그린벨트의 합리적인 조정을 위한 기본방향을 제시했다.

7개 광역도시권을 개발하려는 계획입안자는 지침에 부합하도록 광역도시계획을 수립하여 개발축, 교통축, 녹지축 등 광역차원의 공간개편전략을 제시하고 이를 그린벨트 조정 작업에 반드시 반영토록 했다.[2]

광역도시권의 대상지역은 그린벨트가 부분 해제되는 수도권, 부산권, 대전권, 광주권, 대구권, 마산·창원·진해권 6개 도시권이다. 다만, 울산권은 광역도시계획 수립지침을 적용하여 도시기본계획을 수립한다. 이들 부분해제되는 7개 대도시권은 「광역도시계획수립지침」에 의해 관리된다.

---

2 광역도시계획은 시·도 지자체가 직접 입안함을 원칙으로 하는 계획으로 국가가 입안하는 수도권정비계획 및 광역개발계획과는 구분된다. 광역도시계획은 그린벨트조정이 관련된 점과 광역도시계획에 대한 지자체 간 조정기구가 없다는 점에서 국가가 입안하는 광역개발 계획과 다르다.

국토공간의 변화가 광역권 개념으로 변화되면서 정부에서는 향후의 도시를 광역관리로 대처할 수 있도록 「도시계획법」을 개정했다. 2000년 1월 28일에 개정된 「도시계획법」에서는 아예 광역도시계획에 관한 내용을 장(章)으로 설정하여 상세하게 규정했다.[3]

광역도시계획은 인접한 두 개 이상의 도시와 주변지역을 포함한 광역도시권을 대상으로 도시간 기능을 상호 연계함으로써 도시권의 적정한 성장관리를 도모함을 목적으로 수립하는 계획이다. 또한 도시계획체계상의 최상위 계획으로서 도시기본계획, 도시관리계획 등 하위계획에 대한 지침의 성격을 지니며, 20년 단위의 장기계획으로서 광역도시권의 미래상을 실현하기 위한 정책계획 및 전략계획이다. 이러한 법적 · 제도적 장치는 기존의 단일도시 내지 단일 지자체만으로는 현실적으로 벌어지고 있는 광역적 도시현상에 대처할 수 없다는 판단에 근거한 「광역도시계획으로의 패러다임 변화」라고 평가된다.

02 대규모 취락 등 우선 해제지침에 의한 조정

대규모 취락 등 우선 해제지침에 의한 조정은 그린벨트가 지정되어 있는 수도권, 부산권, 대구권, 광주권, 대전권, 울산권, 마 · 창 · 진권 등 7개 도

---

3 도시계획법」 제3장 광역도시계획에서는 광역도시권의 지정(11조), 광역도시계획의 수립권자(12조), 광역도시계획의 내용(13조), 광역도시계획의 수립을 위한 기초조사 및 공청회(14조), 지방자치단체의 의견청취(15조), 광역도시계획의 승인(16조), 광역도시계획의 조정(17조) 등 광역도시계획을 위한 법적 · 제도적 내용을 아주 구체적으로 적시해 놓고 있다.

시권에 적용된다. 대규모 조정대상 취락은 ①「조정대상 총면적」안에 인구 1,000명 이상이 거주하거나 주택 300호 이상이 있는 집단취락, ② 호수밀도(戶數密度) 20호(10,000㎡당)를 기준으로 1개 취락당 주택 300호 이상이 있는 취락 등이다.

그린벨트 경계선이 취락의 일부를 가로지르는 경계선 관통취락을 조정하도록 했다. 조정대상총면적 및 경계선설정에 대하여는 대규모취락의 기준을 준용했다. 대규모취락이나 경계선관통취락의 경우 시·군에서「광역계획을 수립하여 해제하는 방안」과「우선 해제하는 방안」을 선택할 수 있도록 했다.

시장·군수는 그린벨트 조정, 그린벨트 조정 후 용도지역변경, 도시계획시설의 설치계획을 동시에 수립하며, 도지사는 시장·군수가 그린벨트 조정안을 적절히 입안하였는지 검토한 후 건설교통부장관에게 제출하도록 했다.

03 광역도시계획의 수립

「2020년 광역도시계획」은 중앙정부와 지자체의 긴밀한 협의를 통한 공동 작업으로 수립하도록 되어 있어, 건설교통부장관과 해당 시·도지사가 공동 입안권을 가지고 있다. 건설교통부와 13개 시·도에서는 국토연구원과 10개 시·도 출연 연구원이 계획수립 작업을 수행했다. 계획수립과정에 학회, 국내외 전문가, 기술용역회사 등이 참여하고 계획내용에 대하여

광역도시계획협의회 및 6개 도시권별 지역자문위원회의 자문을 받았다.[4]

광역도시계획의 수립에는 컴퓨터 시뮬레이션과 같은 과학적인 방법을 동원하여 객관적인 결과를 도출할 수 있도록 했다. 작업과정에서 건설교통부와 국토연구원은 제도개선의 큰 틀과 조정가능지역 후보지를 제공했다. 해당지자체와 시·도 연구원은 지역실정에 맞도록 조정가능지역을 평가하고 선정했다.「2020년 광역도시계획 수립지침」에 따라 중앙과 지방간 기능분담과 협조하에 작업이 진행됐다.

04 광역도시권 지정

광역도시계획 수립을 위해서는 최우선적으로 광역도시권이 설정되어야 한다. 이에 공간적 계획범위로서 수도권 등 6개 광역도시권이 지정됐다. 울산권의 경우에는 단일 광역자치단체이기 때문에 도시기본계획으로 광역도시계획을 대체하도록 했다.[5]

---

4 광역도시계획협의회는 민간인 18인, 공무원 16인으로 구성되었으며 김원 교수가 위원장을 맡았다. 협의회는 계획수립에 필요한 사항에 대해 건설교통부장관을 자문하는 역할로서 그린벨트 조정원칙, 지역 간 조정에 대한 협의 및 자문기능을 담당했다.

5 국토연구원은 광역도시계획수립에 앞서 우선 광역도시권 설정방법 및 권역 공통기준 작성을 위하여 성신여대 권용우 교수에게 연구를 의뢰하여 만들었다. 또한 각 도시권별로「광역도시권 설정대안에 관한 연구」를 해당 지역전문가에게 위탁 시행했다. 수도권은 권용우 교수(성신여대), 부산권은 전채휘 교수(인제대), 대구권은 전경구 교수(대구대), 광주권은 노경수 교수(광주대), 대전권은 정환영 교수(공주대), 마창진권은 김영 교수(경상대)가 맡았다.

연구기관과 6개 도시권 전문가가 참여하는 협의회를 통해 광역도시권 설정방법과 기준을 수시로 논의했다. 제시된 다수의 대안 중에서 지역자문위원회 자문과 광역도시계획협의회의 심의를 거쳐 최적대안을 설정했다.

이러한 광역도시권 지정과정에서 중심도시와 주변도시 간에 이견이 있었다. 주요 쟁점은 ① 도시권 내에 개발가용용지가 충분하여 현 단계에서 굳이 광역도시계획이 필요하지 않다는 점, ② 주변지역이 중심도시권에 포함될 경우 도시계획의 자율성이 침해될 우려가 높다는 점 등이었다. 이에 대하여 정부에서는 ① 토지이용방향이 개략적인 형태로 설정될 것이기 때문에 직접적인 규제를 수반하지 않는다는 점, ② 현행법령상 도시계획권한은 시장·군수에게 있어 도시계획의 자율성 시비는 발생하지 않는다는 점, ③ 중심도시와 주변도시 간의 합의가 없으면 혐오시설에 대한 계획은 수립하지 않는다는 점을 제시했다.[6]

광역도시권은 1999년 12월 하순부터 2000년 8월의 기간 동안 설정하고 2000년 10월 중앙도시계획위원회에서 6개 광역도시권의 공간적 계획범위가 최종적으로 결정됐다.표 6.1 2000년 설정된 광역도시권의 범역은 다음과 같다.

---

6   유병권, 2000, "그린벨트 조정과 관련된 두 가지 쟁점," 도시문제 35(385): 70.

표 6.1 대한민국 광역도시권 지정

(단위: 천명, ㎢)

구분	인구	면적	행정구역
수도권	21,900	11,754	서울시, 인천시, 경기도 31개 시·군
부산권	4,340	1,708	부산시, 양산·김해시*
대구권	3,110	4,978	대구시, 경상북도 7개 시·군
광주권	1,660	2,995	광주시, 전라남도 5개 시·군
대전권	2,580	5,122	대전시, 충청남도 4개시·군, 충청북도 4개 군**
마창진권	1,460	1,614	마산·창원·진해시, 김해시, 함안군
울산권	1,056	1,056	울산시

출처와 주: 국토해양부, 2011, 개발제한구역 40년: 1971~2011, 한국토지주택공사, p. 293을 기초로 재작성.
　* 김해시는 부산권과 마창진권에 중복 포함.
　** 충청북도 청원 보은군의 일부는 청주광역도시권과 중복 포함.

① 수도권 광역도시권은 서울특별시와 인천광역시, 경기도의 수원 등 27개 시, 양주, 광주, 화성, 양평군 등 4개 군 등 31개 시·군지역이다. ② 부산 광역도시권은 부산, 양산, 김해시 등이다. ③ 대구 광역도시권은 대구광역시와, 경상북도의 영천시, 경산시, 칠곡군, 성주군, 고령군, 군위군, 청도군 등 7개 시·군이다. ④ 광주 광역도시권은 광주광역시와 전라남도의 나주시, 장성군, 담양군, 화순군, 함평군 등 5개 시·군이다. ⑤ 대전 광역도시권(대전-청주 광역도시권)은 대전광역시, 충청남도의 공주시, 논산시, 연기군, 금산군 등 4개 시·군, 충청북도의 청주시, 청원군, 옥천군, 보은군 등 4개 시·군이다. ⑥ 마산·창원·진해 광역도시권은 마산시, 창원시, 진해시, 김해시, 함안군 등 5개 시·군이다. ⑦ 울산 광역도시권은 울산광역시에 국한해서 설정했다.

05 광역도시계획과 해제조정지역

　광역도시권이 설정되면서 7개 광역대도시권의 광역계획이 본격적으로 진행됐다. 1999년 9월 15일에 제정된 「2020년 광역도시계획 수립지침」에 의거하여 7개 광역 대도시권은 차례로 광역도시계획을 수립했다. 수립된 광역도시계획은 소정의 절차에 따라 집행되어 7개 광역 대도시권의 그린벨트 조정의 기본이 됐다.

광역도시계획의 개요 및 공간구조 구상

　광역도시계획은 대도시와 그 주변도시 및 농촌지역을 장기적이고 종합적인 관점에서 체계적인 계획을 수립함으로써 대도시권의 적정한 도시성장관리를 도모하며, 도시의 건전하고 지속가능한 발전을 통하여 도시민의 삶의 질을 향상시키는 데 그 목적이 있다.

　광역도시계획은 광역도시권의 발전방향과 전략을 제시하는 계획이다. 광역도시계획의 범위 내에서 도시기본계획, 도시계획이 계획되어야 한다. 광역도시계획은 20년 단위의 장기계획으로 원칙적으로 계획기간 중 수정되어서는 안 된다. 다만, 광역도시권의 인구·경제·사회의 여건이 현저히 변화되어 전반적인 수정이 필요한 경우에는 수정할 수 있다.

　광역도시계획에서는 광역토지이용계획, 여가 공간 및 녹지관리 계획, 환경보전계획, 방재계획, 광역교통계획, 광역공급 및 이용시설계획 등의 부문별 계획을 수립하도록 했다.

　토지이용구상에서 개발 축에는 도시용지와 도시화 예정용지를 계획하도록 했다. ① 도시용지는 주거지역, 공업지역, 상업지역이다. ② 도시화예정용지는 장래에 이용할 도시용지로 그린벨트 중 조정가능지역이다. ③ 녹지축에는 그린벨트, 보전용지를 계획한다. 보전용지는 녹지 중 보전해야 할 지역, 공원, 상수원보호구역 등 보전용도로 이용될 지역이다.

그린벨트 해제의 원칙

그린벨트 해제의 원칙을 다음과 같이 정했다. 환경적으로 보전가치가 높은 지역은 그린벨트에서 해제되지 않도록 광역도시계획에서 광역도시권별로 그린벨트의 조정규모의 목표를 설정한다. 수도권집중억제를 위하여 수도권은 조정가능지역의 설정기준을 지방대도시권과 차등 적용한다. 그린벨트를 해제하더라도 원칙적으로 기존 시가지, 자연녹지지역의 개발밀도보다 낮추어 추진한다.

광역도시계획에서 조정가능지역으로 계획된 지역에 대하여 공공·공익적 용도로 활용가능한 수요가 있을 경우 도시계획절차에 의하여 단계적으로 조정한다. 광역도시계획에서 그린벨트로 남는 지역에 대하여 관리방향을 제시하여 종합적인 관리계획을 수립한다.

광역도시계획은 건교부와 지자체가 공동으로 수립한다. 다만, 울산권은 사전에 광역도시계획협의회와 협의하여 도시기본계획을 수립한다. 광역도시계획의 원활한 추진을 위하여 건교부 및 그린벨트가 지정된 지자체 공무원, 관련전문가로 구성된 「광역도시계획협의회」를 구성 운영한다. 시·도는 광역도시계획 입안 시 자문을 받을 수 있도록 광역도시권별로 도시계획 및 환경전문가 등으로 20인 이내에서 「자문위원회」를 구성 운영한다.

그린벨트의 조정 및 해제지역의 관리

그린벨트 해제지역의 관리는 ① 해제지역 중 보전가치가 높은 지역은 보전용지로 계획하고, ② 해제지역 중 보전가치가 낮은 지역은 토지수요를 감안하여 일시에 무질서하게 개발되지 않도록 단계적 개발을 계획하며, ③ 해제지역은 기존 시가지(자연녹지지역을 포함한다)보다 저밀도로 계획할 뿐만 아니라, ④ 해제지역은 주변의 자연환경과 조화되도록 친환경적으로 계획하는 기본원칙을 지켜야 한다.

광역도시계획에서 제시된 그린벨트의 조정가능지역 중에서 취락의 계획적인 정비사업 등의 수요가 있을 경우 국가나 지방자치단체의 그린벨트의 해제요청에 의해서 도시계획결정절차에 따라 해제한다. 그린벨트에서 해제되는 지역은 해제와 동시에 도시계획법상 지구단위계획구역으로 지정하여 지구단위 계획을 수립한다.

광역도시계획과 그린벨트의 관리계획과의 연계

광역도시계획에서 그린벨트로 존치되는 지역에 대하여 ① 취락은 취락지구로 지정하여 건축규제를 완화하고 마을 진입로 · 상수도 · 마을회관 등 공공시설 설치를 국가 또는 지방자치단체가 지원할 수 있다. ② 지역여건에 따라 옥외체육시설과 수목원 · 휴양림 · 생태공원 등 자연친화적인 휴식공간을 조성한다. ③ 기타 그린벨트의 효율적인 관리를 위하여 필요한 사항에 대한 관리방향을 제시한다. 그리고 그린벨트의 조정가능지역은 개념도 형식으로 도면에 표시하며, 도면은 1/5만 축척을 사용한다.

그린벨트 조정가능지역

전면 해제된 7개 중·소 도시권은 「친환경적 도시기본 계획수립지침」에 의해 관리된다. 그러나 부분해제 조정되는 7개 광역도시권역은 1999년 9월 15일에 제정된 「광역도시계획수립지침」에 의해 조정된다. 그리고 이들 권역에 소재한 대규모 취락 등에 대해서는 「우선해제지침」에 의해 조정된다. 따라서 그린벨트가 해제되기 위해서는 광역도시계획에서 우선 조정가능지역으로 지정되어야 한다. 다시 말해서 정부에서는 7개 광역도시권 그린벨트의 일부를 풀어 개발하기 위해선 최우선적으로 조정가능지역에 포함되어야 개발할 수 있도록 해 친환경적 그린벨트 관리의 원칙을 정한 것이다. 이런 관점에서 여기에서는 조정가능지역의 내용과 그 처리방법을 상세히 고찰해 보기로 한다.

01 그린벨트 조정가능지역의 설정 원칙[7]

그린벨트가 조정되기 위해서는 광역도시계획에서 우선 조정가능지역으로 지정되어야 한다. 그린벨트의 조정가능지역은 벨트 형태의 환상형을 유지하는 범위 내에서 다음과 같은 원칙하에 설정한다. ① 환경적으로 보전가치가 높은 지역이 그린벨트에서 해제되지 않도록 광역도시계획에서 광역도시권 또는 시군별로 그린벨트의 조정규모의 목표를 설정한다. ② 그린벨트를 해제하더라도 원칙적으로 개발밀도는 기존 도시용지 및 자연녹지지역의 개발밀도보다 단계적으로 낮추어 추진한다. ③ 수도권 집중억제를 위하여 수도권은 조정가능지역의 설정기준을 강화하여 수도권 이외의 광역도시권과 차등 설정한다. ④ 광역도시계획에서 그린벨트의 조정가능지역을 개념도로 제시하고 계획적 개발수요가 있을 경우 도시계획에 의하여 단계적으로 해제한다. ⑤ 그린벨트의 조정에 관한 사항은 2020년 광역도시계획에 한정하여 수립한다.

환경평가의 검증은 표고, 경사도, 농업적성도, 식물상, 임업적성도, 수질에 대해 실시한다. 그린벨트에서 해제되는 지역은 해제와 동시에 도시계획법상 지구단위계획구역으로 지정하여 지구단위 계획을 수립해야 한다. 광역도시계획에서 그린벨트로 존치되는 지역에 대하여 공공시설과 자연친화적인 휴식공간을 조성한다.

---

7 그린벨트 조정가능지역에 관한 내용은 『국토해양부, 2011, 개발제한구역 40년: 1971-2011, 한국토지주택공사』를 토대로 자료를 보강하여 재작성한 것이다.

그린벨트 해제지역의 관리는 ① 해제지역 중 보전가치가 높은 지역은 보전용지로 계획하고, ② 해제지역 중 보전가치가 낮은 지역은 토지수요를 감안하여 일시에 무질서하게 개발되지 않도록 단계적 개발을 계획하며, ③ 해제지역은 기존 시가지(자연녹지지역을 포함한다)보다 저밀도로 계획할 뿐만 아니라, ④ 해제지역은 주변의 자연환경과 조화되도록 친환경적으로 계획하는 기본원칙을 지켜야 한다.

02 조정가능지역의 설정 내용

그린벨트가 조정되기 위해서는 광역도시계획에서 우선 조정가능지역으로 지정되어야 한다. 기본적으로 환경평가결과 4 · 5등급 토지를 합한 면적이 1 · 2 · 3등급 토지를 합한 면적보다 많고 그 면적이 일정규모 이상인 일단의 토지는 그린벨트의 조정가능지역으로 설정할 수 있다.

「광역도시계획수립지침」 중 조정가능지역 설정에 관한 기본방향은 [표 6.2]에 상세히 제시하고 있으며 그 내용은 다음과 같이 정리된다. ① 그린벨트가 조정되기 위해서는 광역도시계획에서 우선 조정지역으로 지정되어야 한다. ② 그린벨트의 조정가능지역은 환경평가결과 4 · 5등급 위주의 지역으로 계획한다. ③ 그린벨트 가운데 벨트 형태를 유지하기 곤란한 지역, 도시연담화가 우려되는 지역, 녹지축을 단절할 우려가 있는 지역, 홍수가능성이 매우 높은 지역, 상습침수지역 등 재해가 빈발하는 지역, 생태계 보전이 필요한 지역, 도시기반시설과 연계되지 않거나 기반시설 설치가 어려운 지역 등은 조정가능지역 설정대상에서 제외한다. ④ 그린벨트의 조정가능지역은 지형지물을 이용하여 정형화되도록 계획한다. 그리고 환경평가결과 1 · 2등급 토지가 조정가능지역에 포함된 경우 이 토지는 개발계획 · 지구단위계획에서 공원 또는 보전녹지로 지정해야 한다. 상수원 수질과 관련되거나 식물상이 양호한 3등급 토지는 원칙적으로 보전녹지로 지정한다.표 6.2

표 6.2 광역도시계획수립지침 중 조정가능지역 설정에 관한 내용

1. 개발제한구역이 조정되기 위해서는 광역도시계획에서 우선 조정가능지역으로 지정되어야 한다.

2. 개발제한구역의 조정가능지역은 다음과 같은 지역으로 계획한다.

1) 환경평가결과 4 · 5등급 토지를 합한 면적이 1 · 2 · 3등급 토지를 합한 면적보다 많고 그 면적이 일정규모 이상인 일단의 토지는 수도권 집중억제를 고려하여 수도권과 지방 광역 도시권은 보전가치가 낮은 토지의 포함비율, 일단의 토지규모에 대한 기준을 차등 적용할 수 있다.

2) 환경평가 결과 환경보전가치가 낮은 토지를 합한 면적이 상대적으로 적은 광역 도시권에서는 기준을 완화할 수 있다.

3) 개발제한구역이 행정구역 면적의 대부분을 차지하거나 환경보전가치가 낮은 토지를 합한 면적이 상대적으로 적은 도시에서는 기준을 완화할 수 있다.

4) 취락이나 취락군으로서 다음 요건을 갖춘 지역
   ① 기존 시가지나 우선 해제된 대규모 취락과 연접하여 기반시설의 설치가 용이한 취락으로서 계획적으로 정비하는 경우
   ② 지방자치단체가 우선 해제대상이 되는 대규모 취락(인구 1,000명 또는 300호 이상의 취락을 말한다)을 우선 해제하지 않고 중소규모 취락을 묶어 광역도시계획에서 계획적으로 정비하고자 하는 취락군

5) 국가정책사업 및 지역현안사업에 필요한 지역으로서 다음의 요건을 갖춘 지역
   ① 국가적 · 광역적 차원의 필요성, 지역균형발전에의 부합성, 도시발전에 대한 기여도 등을 고려할 때 입지의 위치와 규모가 불가피하다고 인정될 것.
   ② 입지는 원칙적으로 환경평가결과 3–5등급지를 활용하되, 입지여건상 불가피한 경우에는 1 · 2등 급지도 포함할 수 있도록 함.

6) 위 1) 내지 3)의 규정에 의해 차등적용하거나 완화하는 경우 환경훼손 등의 부작용이 발생되지 않도록 조정가능지역을 합리적으로 설정하여야 한다.

3. 다음 지역은 개발제한구역의 조정가능지역 설정대상에서 제외한다.

1) 개발제한구역을 조정하는 경우 개발제한구역이 벨트 형태를 유지하기 곤란한 지역 또는 도시연담화가 우려되는 지역
2) 광역도시계획의 공간구조상 녹지축을 단절할 우려가 있는 지역
3) 개발제한구역을 조정하는 경우 하류지역의 홍수가능성이 매우 높은 지역이나 상습침수지역 등 재해가 빈발하는 지역
4) 철새도래지, 야생동물 집단서식지, 희귀식물 집단군락지, 갯벌 등 생태계 보전이 필요한 지역
5) 기존의 간선도로 · 상하수도 등 도시기반시설과 연계되지 않거나 기반시설 설치가 어려운 지역
6) 환경정책기본법 제22조의 규정에 의하여 지정 · 고시된 특별대책지역

4. 개발제한구역의 조정가능지역은 다음과 같이 정형화되도록 계획한다.

1) 하천 등 주요 지형지물을 이용하여 정형화해야 한다.
2) 환경평가결과 1 · 2등급 토지가 일단의 토지내에 산재되어 있어 정형화를 위하여 불가피한 경우 이 토지를 조정가능지역에 포함할 수 있다.
3) 환경평가결과 1 · 2등급 토지가 조정가능지역에 포함된 경우 이 토지는 개발계획 · 지구단위계획에서 공원 또는 보전녹지로 지정해야 하며, 상수원수질과 관련되거나 식물상이 양호한 3등급 토지는 원칙적으로 보전녹지로 지정한다.

정부는 광역도시계획 수립과정의 첫 번째 작업으로 그린벨트의 조정가능지역 설정을 진행했다. 이를 위해 조정가능지역의 단위규모 및 기준 등에 관한 모형연구를 실시했다.[8] 이어 컴퓨터 모의실험, 환경평가 검증, 지역별 훼손지 조사, 개발사업 유형별 모형연구 등을 실시했다. 이러한 조사분석 및 환경평가 결과를 토대로 조정가능지역은 다음과 같은 원칙 아래 설정됐다.

---

8 점적 형태로 분포하는 환경평가결과의 4 · 5등급지역을 면적 형태로 집단화하기 위해 중력모형(gravity model)을 활용한 접근성 모형(accessibility model)을 개발하여 활용했다.

첫째로 환경평가결과 보전가치가 낮은 4·5등급지를 중심으로 조정가능지역을 설정하되 집단화, 정형화하여 환경훼손을 최소화한다. 둘째로 개발축, 녹지축 등 광역도시계획의 공간구조 개편전략을 반영하고 그린벨트에서 해제되는 지역에는 공영개발방식을 적용하여 개발이익의 사유화를 방지한다. 셋째로 구역내 주민의 생활불편을 해소하기 위하여 인구가 밀집한 집단취락을 우선적으로 조정가능지역으로 설정하고 주민중심으로 취락정비 사업을 추진한다. 넷째로 수도권과 지방도시는 차등기준을 적용하고 해당지자체와 긴밀한 협의를 통해서 지역의견을 최대한 반영한다.

03 환경평가의 검증

그린벨트가 설치된 14개 도시권을 대상으로 1998년 10월부터 1999년 6월의 기간 동안 환경평가가 실시됐다. 환경평가 작업은 국토연구원 주관으로 환경정책평가연구원, 농촌경제연구원, 임업연구원이 참여했다. 표고, 경사도, 농업적성도, 식물상, 임업적성도, 수질 등 6개 항목을 분석하여 대상 토지를 1-5등급으로 분류했다. 1·2등급은 환경가치가 높아 보전이 필요한 지역을 의미하며, 4·5등급은 상대적으로 환경가치가 낮은 지역을 말한다.[9] 이러한 환경평가결과는 광역도시계획을 수립하는 과정에서 지자체, 건설교통부, 광역도시계획협의회, 용역기관 등에 의해 검증됐다. 그리고 환

---

9 환경평가 작업은 1/25,000 축척의 도면상에서 대상토지를 20m×20m 셀 단위로 구분하여 진행됐다. 6개 분석항목 중에서 상위등급에 해당될 경우 상위등급으로 판정하는 「상위등급우선원칙」을 적용했다.

경평가검증 대상, 절차, 내용 등에 관한 구체적인 사항은 「광역도시계획수립지침」의 '환경평가검증요령'에 맞추도록 했다.

이에 따라 연구기관에서는 환경평가 검증을 토대로 도시권 및 각 도시별 특성을 반영하여 조정가능지역의 단위규모 및 4·5등급 포함비율을 검토했다. 이를 토대로 환경평가 해석모형에 의하여 산출된 각 셀별 지수와 권역별, 도시별 특성과 구상안을 감안하여 조정가능 후보지를 설정하고 정형화했다. 이러한 조정가능지역 후보지 중 광역도시계획에 부합하는 지역을 조정가능지역으로 선정했다.

그러나 환경평가 결과 7개 도시권, 47개 시·군별로 분포편차가 심했다. 조정가능지역 설정이 가능한 4·5등급지 분포비율은 격차가 있었다. 수도권이 11.8%, 부산권이 8.6%, 대구권이 4.1%, 광주권이 9.6%, 대전권이 10.6%, 마창진권이 7.7%, 울산권이 9.9%였다. 7개 대도시권 평균치는 9.5%였다. 특히 대구권의 경우 도시주변에 산악지대가 많고, 경지정리가 완료된 전·답, 그리고 낙동강에 위치한 취수구 때문에 상대적으로 4·5등급 비율이 적게 나타났다.

시·군별로 살펴보면 4·5등급 비율의 격차는 더욱 심했다. 가장 적은 시·군은 0.03%인 데 비해, 가장 많은 시·군은 23.51%로 나타났다. 환경평가결과를 그대로 적용하여 조정가능지역을 설정할 경우 시·군 간에 형평성 문제가 크게 제기될 우려가 컸다.

04 시·군별 조정총량 설정

환경평가는 자연 상태 그대로에 대한 분석결과로서 해당도시의 사회경제적 여건이나 정부의 공간정책 의지를 반영하지 못하는 한계가 있었다. 따라서 도시 간 격차를 완화하고 도시별 특성을 감안하기 위해 시·군별 조정총량설정을 위한 모형을 개발했다.[10] 개발된 모형에는 도시별 환경평가결과 4·5등급비율 외에 도시여건을 반영하기 위해 행정구역대비 그린벨트 면적비율과 시가지 개발밀도를 추가했다. 그리고 국토전체의 공간정책을 반영하기 위해 수도권과 지방에 차등적인 점수를 부여했다.[11]

그리고 시·군 간 크게 나타나는 4·5등급 격차를 완화하기 위해 통계적인 기법을 활용했다. 전국 4·5등급 평균치인 9.5%를 중심으로 표준편차 ±3.5%내 수준으로 시·군별 조정총량을 표준화하여 설정했다. 이러한 통계적 조정과정을 통해서 환경평가 시 최소치 0.0%, 최대치 27.5%이던 분포가 6.0~13.0% 분포로 변화됐다. 이로 인해 4·5등급이 가장 적은 시·군도 그린벨트면적의 6% 정도는 조정가능지역으로 설정할 수 있게 됐다.[12] 4·5등급이 가장 많은 시·군은 조정총량이 27%에서 13%로 조정됐다.

---

10 7개 도시권별이 아니라 시·군별로 조정총량을 설정한 것은 시장, 군수가 도시계획 입안권을 가지고 있으므로 시·군 간 형평성 문제를 당사자가 직접 책임하에 진행할 필요가 있었기 때문이다.

11 수도권 과밀억제권역에는 -1점을 주고 지방의 중점육성이 필요한 도시에는 +1점을 주는 방식으로 차등화했다.

12 조정총량모형에서 시·군별 최소치로 6%를 설정했으나, 실제로 4·5등급 포함비율 기준, 최소면적 기준 등의 규정 때문에 환경평가결과 4·5등급이 적은 시·군이 실제로 최소치인 6%를 다 활용하는 경우는 거의 없었다.

05 조정가능지역 설정과정

조정가능지역 후보지 설정을 위하여 컴퓨터를 이용한 모의실험방법이 활용되었다. 우선 20m×20m 셀로 상당히 구체적인 환경평가도면의 추상화작업이 진행됐다. 중력모형(gravity model)을 이용하여 보전대상지는 1·2등급 밀집지역을 중심으로, 그리고 조정대상지는 4·5등급밀집지역을 중심으로 집단화시켜「환경평가분석지수도」를 작성했다.[13]

조정가능지역 후보지 설정기준에서 후보지 내 4·5등급비율이 50% 이상이 되도록 원칙을 정했으나, 수도권의 경우는 60%로 기준을 강화했다. 4·5등급비율이 현저히 낮은 시·군의 경우는 50% 이하도 적용할 수 있도록 했으며, 조정총량을 10%단위로 0.5%씩 삭감했다.

그리고 준 농림지역 사례와 같은 소규모 난개발을 방지하기 위하여 후보지 최소면적단위를 10만㎡ 이상으로 설정했다. 이는 추후에 조정가능지역이 개발되더라도 도로, 상하수도 등 인프라 시설의 효율적인 공급을 위해 일정규모 이상이 바람직하기 때문이었다. 특히 수도권의 경우 무질서한 연담화 방지를 위해 그린벨트 내측 경계선에서 2km 이내에는 조정가능지역 설정을 제한했다.[14]

---

13 이를 위하여「환경평가지수도」를 토대로 시뮬레이션 과정을 통해서 4·5등급지가 밀집된 지역을 우선적으로 조정가능지역 후보지로 설정했다. 후보지 설정에서는 특히 준농림지와 같은 난개발이 다시 발생하지 않도록 하기 위해 조정가능지역후보지를 집단화, 정형화시켰다.

14 수도권 외의 다른 대도시권의 경우에도 연담화 방지 벨트의 필요성이 검토되었으나, 도시개발압력이 높은 서울과 경기도 연접부분에 대해서만 연담화 방지기준을 적용했다.

국책사업이나 지역현안사업의 원활한 추진을 위해서 이들 사업의 경우 위와 같은 방식에 의해 도출된 조정가능지역 후보지 외에 환경평가 3-5등급지 활용을 허용했다. 이는 지역에서 요구하는 사업지구와 컴퓨터 시뮬레이션에 의해 도출된 후보지 간에 위치가 불일치하는 경우가 많아 환경훼손이 크게 우려되지 않는 범위 내에서 환경평가결과 3등급지의 활용을 허용한 것이다. 국책사업의 경우 광명시 일직역 주변 경부고속철도 역세권개발사업, 국민임대 주택단지 개발사업 등이 이에 해당된다. 지역현안사업의 경우 지자체 주관으로 도시계획시설, 산업단지, 관광단지 조성사업 등 공공목적의 사업으로서 시 · 군별 총량 10%범위 내에서 허용했다.

이러한 여러 기준을 활용하여 도시권별로 조정가능지역이 산정됐다. 설정결과를 잠정적으로 추계한 결과, 수도권이 124.507㎢, 부산권이 54.260㎢, 대구권이 31.462㎢, 대전권이 31.279㎢, 광주권이 45.789㎢, 울산권이 29.276㎢, 마창진권이 26.259㎢ 등으로 집계됐다.표 6.3

표 6.3 권역별 그린벨트 면적과 해제총량

(단위: ㎢)

구분	계	수도권	부산권	대구권	대전권	광주권	울산권	마창진권
그린벨트 면적	4,294.0	1,566.8	597.1	536.5	441.1	554.7	283.6	314.2
해제 총량	342.832	124.507	54.260	31.462	31.279	45.789	29.276	26.259

출처: 국토해양부, 2011, 개발제한구역 40년, 한국토지주택공사, p. 299.

각 권역별 그린벨트 대비 조정가능지역 비율과 4 · 5등급 비율을 비교해보면, 부산권, 대구권, 마창진권의 조정가능지역 비율이 4 · 5등급 비율보다 많게 산정됐다. 특히 대구권의 경우는 4·5등급비율이 4.2%인 데 비해, 조정가능지역 비율은 5.86%로 높게 나타났다.표 6.4 그리고 수도권, 광주권, 대전권, 울산권은 조정가능지역 비율이 4·5등급지역 비율보다 낮게 집계됐다. 특히 수도권의 경우 환경평가결과 4·5등급비율이 12.5%로 타도시권보다 높은 데 비해, 조정가능지역 비율은 8.07%로 상대적으로 낮았다. 이는 수도권에 대해서는 강화된 기준을 적용한 결과다.[15]

표 6.4 조정가능지역 설정결과

구분	그린벨트 면적(km²)	4·5등급 비율(%)	조정가능지역 비율(%)	조정가능지역 면적(km²)
수도권	1,541	12.5	8.07	124.5
부산권	554	9.0	9.1	54.26
대구권	537	4.2	5.86	31.46
광주권	555	9.8	8.25	45.79
대전권	441	10.9	7.1	31.28
마창진권	312	7.7	8.4	26.26
울산권	319	10.2	9.17	29.28

출처: 국토해양부, 2011, 개발제한구역 40년, 한국토지주택공사, p. 300; 권역별 광역도시계획 보고서 활용 재작성.
　* 조정가능지역면적에는 조정대상 집단취락의 면적도 포함.

---

15 이상에서 고찰한 바와 같이 '조정가능지역'은 우리나라 그린벨트 해제과정에서 만들어진 정책 개념이다. 대체로 조정가능지역은 7개 광역 대도시권에 적용되는 개념으로서 환경평가 4·5등급지역 가운데 해제 가능한 지역으로 정리할 수 있다.

제3절

해제 조정과 환경평가 1·2등급지역의 지정

01 그린벨트 해제 조정과 환경평가

1999년 7월 22일에 건설교통부는 「개발제한구역제도 개선방안」을 확정 발표했다. 건교부는 이 발표에서 수도권, 부산권, 대구권, 광주권, 대전권, 울산권, 마산·창원·진해권 등 7개 대도시권은 환경평가를 통해 검증하고 광역도시계획을 수립하여 그린벨트를 조정한다고 발표했다. 광역도시 계획은 건설교통부와 지자체가 공동으로 수립하되, 인구계획, 공간구조, 녹지·환경계획, 도로·철도 등 광역적 기반시설에 관한 사항을 계획하도록 되어 있다.

1999년 9월 15일에는 「개발제한구역조정에 관한 지침」을 발표했다. 이 지침에서는 그린벨트를 우선해제 대상, 전면해제 대상, 부분해제 대상으로 구분했다. 우선해제 대상인 대규모 취락지는 도시계획변경 수립을 통해 우선적으로 해제하도록 했다. 전면해제 대상인 7개 중소도시권은 친환경적 도시기본계획을 수립하여 '선 계획 후 개발' 원칙하에 개발하도록 했다. 부분해제 대상 도시권은 환경평가를 실시한 연후에 광역도시계획을 수립하여 조정하도록 한다는 구체적 기준을 제시했다.

1999년 9월 15일 건설교통부가 발표한 「광역도시계획수립지침」에서는 광역도시계획과 그린벨트와의 관계를 보다 명확하게 규정하고 있다. 동 지침에서는 '그린벨트가 조정되기 위해서는 광역도시계획에서 우선 조정가능지역으로 지정되어야 한다.'고 밝혔다. 또한 '그린벨트의 조정에 관한 사항은 2020년 광역도시계획에 한정하여 수립한다.'고 정했다. 따라서 그린벨트를 조정하기 위해서는 광역도시계획을 반드시 먼저 수립해야만 했다.

「2020년 광역도시계획」은 중앙정부와 지자체의 협의를 통한 공동 작업으로 수립하도록 함에 따라 건설교통부장관과 해당 시·도지사가 공동 입안권을 가지고 있다. 이에 따라 건설교통부와 13개 시·도에서는 국토연구원과 10개 시·도출연 연구원이 계획수립 작업을 수행했다. 계획수립과정에 학회, 국내외 전문가, 기술용역회사 등이 참여하고 계획내용에 대하여 광역도시계획협의회 및 6개 도시권별 지역자문위원회의 자문을 받았다.

02 환경평가의 검증과 환경평가 1·2등급지역

그린벨트가 설치된 14개 도시권을 대상으로 1998-1999년에 걸쳐 환경평가가 실시됐다. 환경평가 작업은 국토연구원 주관으로 환경정책평가연구원, 농촌경제연구원, 임업연구원이 참여하여, 표고, 경사도, 농업적성도, 식물상, 임업적성도, 수질 등 6개 항목을 분석하여 대상 토지를 1-5등급으로 분류했다. 1·2등급은 환경가치가 높아 보전이 필요한 지역을 의미한다. 4·5등급은 상대적으로 환경가치가 낮은 지역을 말한다. 이러한 환경평가결과를 기반으로 광역도시계획을 수립하기 위해 행정구역대비 그린벨트 면적비율과 시가지 개발밀도를 추가했다. 그리고 공간정책을 반영하기 위해 수도권과 지방에 차등적인 점수를 부여했다.

환경평가 1·2등급지에 관한 평가결과는 [표 6.5]와 같이 정리될 수 있다.

표고의 경우 2등급지의 하한선인 151m 이상은 현실적으로 개발이 가능하지 않은 산지지역으로 평가됐다.

경사도의 경우 2등급지의 하한선인 26° 이상은 워낙 경사도가 심해 개발하기 어려운 지역으로 평가됐다.

농업적성도의 경우 환경평가 1·2등급지에 해당하는 지역은 실제로 농업이 진행되거나 진행될 지역에 해당된다.

식물상은 식생의 자연성 정도가 중요한 평가기준으로 되어 있다. 식물상의 경우, 1등급지는 영급 41년 이상의 아주 우수한 이차 천연림이다. 2등급지는 영급 21-40년 된 우수한 이차 천연림이거나 영급 41년 이상의 인공림이다. 3등급은 영급 20년 이하의 이차 천연림이다. 식물상은 시간이 지나면서 등급이 상향될 수 있는 속성이 있다. 예를 들어 1998년 환경평가 시 3등급지의 이차 천연림은 25년 이상이 지난 2024년에 이르러 2등급지 이상의 식물상으로 평가될 수 있다. 그리고 1998년에 40년 이하의 인공림이었던 곳도 25년 이상이 흐른 2024년에는 2등급지 이상의 식물상으로 평가될 수 있다. 그리고 20년 전후의 천연림은 2등급과 3등급의 경계를 명확히 하기가 용이하지 않다. 그러므로 20년 전후 이상의 천연림은 보전대상으로 간주된다. 그리고 1998년의 평가가 이루어진 이후 25년 이상이 경과하여 2024년에 이르렀다. 따라서 1998년의 평가된 3등급지는 2024년에 이르러 거의 1·2등급지 수준으로 변화되었다고 추정된다.

임업적성도의 경우 환경평가 1·2등급지는 임지생산능력이 우수한 지역에 해당된다.

수질은 수질 오염원 지수, 취수구와의 거리, 폐수배출 허용기준, 수질목표 등급 등 네 가지 항목에 의해 평가됐다. 수질 오염원 지수는 건폐지 0.01% 이하로부터 5% 초과에 이르기까지 4점-0점의 점수가 매겨졌다. 취수구와의 거리는 상류 2㎞ 이내로부터 하류 유역까지 8점-0점의 점수가 부여됐다. 폐수배출 허용기준은 청정지역에서 나지역에 이르기까지 4점-0점이 산정됐다. 수질목표 등급은 1등급-5등급에 이르기까지 4점-0점이 매겨졌다. 이러한 각 항목별로 진행된 1차 평가점수를 합산하여 수질지표별 점수가 부여됐다. 수질에 관한 평가 항목이 많기 때문에 수질지표별 점수부여기준에서 1점은 상당한 의미를 갖는 것으로 평가된다. 대체로 환경평가 1·2등급지는 14점 이상의 지역이다. 13점의 경우에 해당하는 3등급지도 보전대상지역이 될 것으로 파악된다.

수도권, 부산권, 대구권, 광주권, 대전권, 울산권, 마산·창원·진해권 등 7개 대도시권역의 경우에서도 환경평가 1·2등급지는 보전지역으로 지정하도록 명확히 기준을 제시했다. 표 6.5 3등급지의 경우도 무조건 개발 가능한 지역으로 규정하지 않고, 광역도시계획에 따라 보전 또는 개발가능지로 지정할 수 있다고 함으로써 국토의 환경 보존 의지를 나타냈다. 3등급지는 구역면적의 25%내외가 되도록 했다.

표 6.5 환경평가 항목별 1 · 2등급지의 환경평가 결과

환경평가항목		항목별 1 · 2등급 기준
표고	1등급	부산권 · 마창진권 · 울산권이 191m 이상, 수도권이 201m 이상 대구권 · 광주권이 211m 이상, 대전권이 221m 이상
	2등급	부산권 · 마창진권 · 울산권이 151–190m, 수도권이 161–200m, 대구권 · 광주권이 171–210m, 대전권이 181–220m
경사도	1등급	36° 이상으로 활용이 불가능한 지역
	2등급	26°–35°로 활용에 어려움이 있는 지역
농업 적성도	1등급	농업진흥지역
	2등급	경지정리 완료지구 또는 용수개발 완료지구
식물상	1등급	영급 41년 이상의 아주 우수한 이차 천연림
	2등급	영급 21–40년 된 우수한 이차 천연림이거나 영급 41년 이상의 인공림
임업 적성도	1등급	임지생산능력 1급지
	2등급	입지생산능력 2급지
수질	1등급	18–20점
	2등급	14–17점

출처: 국토해양부 비치자료를 기초로 재작성.

1999년 7월 22일에 발표한 「개발제한구역제도 개선방안」은 국민적 여론을 담은 「그린벨트 선언」에 해당된다. 동 개선방안에서는 환경평가 1 · 2등급지에 관해 명확히 보전의지를 천명했다. 춘천, 청주, 전주, 여수, 진주, 통영, 제주 등 7개 중소도시권역을 전면해제하더라도, 상위 1 · 2등급지는 보전지역으로 지정하도록 했다.표 6.6 상위 1 · 2등급지 비율이 구역면적의 60%에 달하도록 함으로써 국토의 환경보전 의지를 분명히 했다.

표 6.6 환경평가 1·2등급지에 관한 내용

분류	내용
전면 해제	• 춘천, 청주, 전주, 여수, 진주, 통영, 제주 7개 권역 • 환경평가 후 5개 등급지 분류 　– 상위 1·2등급지(구역면적의 60%) : 보전지역 지정 　– 나머지 3–5등급지(구역면적의 40%) : 개발가능지 지정
부분 해제	• 수도권, 부산권, 대구권, 광주권, 대전권, 울산권, 마산·창원·진해권 　등 7개 권역 환경평가 후 5개 등급지 분류 　– 상위 1·2등급지 : 보전지역 지정, 하위 4·5등급지 : 개발가능지 지정 　– 3등급지: 광역도시계획에 따라 보전 또는 개발가능지로 지정(25%내외)

출처: 건교부, 1999.7.22, 『개발제한구역제도 개선방안』을 기초로 재작성.

03 그린벨트 해제와 관리 원칙

　조정가능지역은 '그린벨트 해제가 가능한 지역'이다. 시·군에서 도시기본계획을 수립하여 필요한 용지를 시가화예정용지로 계획한 후, 2020년까지 단계적으로 도시계획이나 사업계획을 수립하여 해제하도록 했다.

　그린벨트에서 해제되는 지역은 해제와 동시에 도시계획법상 지구단위계획구역으로 지정해 지구단위계획을 수립하도록 했다. 이때 지구단위계획은 저층화·저밀도·환경 친화적으로 수립해야 한다. 도시계획상 저밀도 부여가 불합리하다고 판단될 때에는 중밀도로 수립할 수 있다. 또한 지구단위계획은 건축물의 용도제한, 건축물의 건폐율 및 용적률, 건축물의 높이에 대한 사항을 반드시 포함하도록 했다. 그린벨트에서 해제되는 취락에서 주민이 스스로 사업시행자가 되어 사업을 실시하는 경우에 개발이익은 도시기반시설, 녹지 확충에 투자하도록 했다.

그린벨트에서 해제되는 지역은 택지개발촉진법에 의한 택지개발사업과, 도시개발법에 의한 도시개발사업 등 공영개발 사업을 추진하는 것을 원칙으로 했다. 이 경우 사업시행자는 토지소유자에게 분양 우선권을 주도록 했다. 다만, 취락은 주민이 사업시행자가 되어 사업을 시행할 수 있도록 허용했다.

04 해제가능지역의 기준과 변화

그린벨트의 해제와 관련된 내용은 1999년 7월 건설교통부 장관이 발표한 『개발제한구역제도 개선방안』에 근거하고 있다. 해제관련 원칙은 '환경평가 결과 1·2 등급지는 해제하지 않는다. 4·5 등급지는 해제한다. 3등급지는 광역도시계획에 따라 해제하지 않거나 해제할 수도 있다.'라고 정리된다.

표 6.7 조정 이후 그린벨트 해제가능지역의 구분과 기준

구분	기존	개선	비고
환경평가등급기준	3–5등급지 대상	3–5 등급지 대상	동일
우량농지	제외	농림부협의 시 해제가능	완화
산지	표고 170m 이하	표고 70m 이하	강화
도시연담화방지벨트	폭 2km 이상 유지	폭 5km 이상	강화
최소해제면적	10만㎡	20만㎡	난개발방지
기타		지가관리 실패지역제외	신설
		도시문제 유발지역제외	신설

출처: 건설교통부, 1999.7.22, 『개발제한구역제도 개선방안』을 기초로 재작성.

그린벨트 조정 이후 해제가능지역의 구분과 기준의 내용은 [표 6.7]과 같다. 우량농지는 해제대상에서 제외되었으나, 농림부와 협의 시에 해제가 가능하도록 완화됐다. 산지는 표고 170m에서 70m이하로, 도시 연담화 방지 벨트는 폭 2㎞에서 5㎞이상으로 강화됐다. 난개발 방지를 위해 최소 해제 면적의 면적을 10만㎡에서 20만㎡로 상향 조정했다. 그리고 지가관리 실패 지역과 도시문제 유발지역은 해제에서 제외토록 했다.

1971-1977년 중 전국 14개 도시권에 국토면적의 5.4%인 5,397.1㎢에 그린벨트가 지정되었다. 2012년의 경우 국토면적의 3.876%인 3,873.6㎢가 그린벨트로 존치되어 있다. 1999년의 제도개선을 통해 해제가 결정되고 도시용지 공급을 위한 해제가 진행된 결과다.

제4절

환경평가 1·2등급지역의 운용 사례와 원칙

환경평가 1 · 2등급지역은 태생적으로 그린벨트 해제과정에서 그린벨트를 보전하기 위해 설정된 지역이다. 현실적으로 환경평가 1 · 2등급지역과 관련된 그린벨트 정책은 필연적으로 해제와 관련될 수밖에 없는 내용이 대부분이다. 본 절에서는 그린벨트 정책 가운데 환경평가 1 · 2등급지역과 관련되어 운영되어 온 내용에 관하여 개괄적으로 검토해 보기로 한다.

01 그린벨트 제도개선방안

환경평가 1 · 2등급지역은 1999년 7월 22일 건설교통부 이건춘 장관이 발표한 그린벨트 제도개선방안에 의해 최초로 지정됐다. 1999년 7월의 환경평가 1 · 2등급지역의 설정은 정부가 솔선하여 그린벨트를 지키겠다는 정책 철학을 선언한 것으로 해석된다. 그린벨트 보전을 원하는 대다수 국민들의 절대적 지지에 화답한 정책적 결단이다.

제도개선방안에서는 지자체별로 환경평가를 검증하고 광역도시계획을 수립하여 그린벨트를 조정하도록 제시하고 있다. 이제까지 고찰한 바와 같이, 표고, 경사도, 농업적성도, 식물상, 임업적성도, 수질 등 6개 기준을 적용·평가하여 그린벨트를 5개 단계로 등급화했다. 각 지자체는 이러한 결과를 기초로 각 지자체에 있는 그린벨트의 활용 여부를 검증하고 있다.

환경평가 1-5등급 중 보전가치가 높은 상위 1·2 등급은 원칙적으로 그린벨트로 유지해 왔다. 1·2등급 면적은 구역면적의 60% 내외다. 보전가치가 낮은 4·5등급은 해제가 가능한 지역이다. 4·5등급 면적은 구역면적의 15% 내외다. 3등급 지역은 지역특성을 감안한 광역도시계획에 따라 그린벨트 또는 도시계획 용지로 활용된다. 3등급 면적은 구역면적의 25% 내외다.

보전가치가 낮은 지역 내에 보전가치가 높은 지역이 소규모로 산재될 경우에는 공원, 녹지 등의 보전녹지지역 등으로 지정했다. 보전가치가 높은 지역 내에 보전가치가 낮은 지역이 소규모로 산재될 경우에는 그린벨트로 유지했다.

7개 대도시권의 그린벨트를 조정하기 위한 광역도시계획은 건설교통부와 지자체가 공동으로 수립했다. 광역도시계획에서는 인구계획, 공간구조, 녹지, 환경계획, 도로·철도 등 광역적 기반시설에 관한 사항을 계획했다. 도시별로 배분된 소요 도시용지는 기존 시가지에서 우선 확보했다. 부족용지는 보전가치가 낮은 4·5등급의 해제가능지와 3등급 중 지역특성에 맞게 도시용지로 활용 가능한 토지에서 확보한다. 3등급지 가운데 환경평가 6개 지표가 양호한 지역은 가급적 그린벨트 지역으로 유지했다.

02 개발제한구역의 지정 및 관리에 관한 특별조치법

대한민국 그린벨트의 지정과 관리를 관장하기 위한 법은 2001년 1월 28일에 제정되어 발효됐다. 동 법은 19차에 걸쳐 개정됐다. 2010년 4월 15일에도 개정했다. 그린벨트 1·2등급지역과 관련된 동 법의 법조문은 제4조 4항과 제12조 1항 1호 가목에 주로 다루어져 있다. 제1조 목적과 제4조 4-7항, 그리고 제12조 관련 조항은 다음과 같다.

제1조(목적) 이 법은 「국토의 계획 및 이용에 관한 법률」 제38조에 따른 개발제한구역의 지정과 개발제한구역에서의 행위 제한, 주민에 대한 지원, 토지 매수, 그 밖에 개발제한구역을 효율적으로 관리하는 데에 필요한 사항을 정함으로써 도시의 무질서한 확산을 방지하고 도시 주변의 자연환경을 보전하여 도시민의 건전한 생활환경을 확보하는 것을 목적으로 한다.

제4조(개발제한구역의 지정 등에 관한 도시 관리계획의 입안)

④ 입안권자는 제1항에 따라 개발제한구역의 해제에 관한 도시 관리계획을 입안하는 경우에는 개발제한구역 중 해제하고자 하는 지역(이하 "해제대상지역"이라 한다)에 대한 개발계획 등 구체적인 활용방안과 해제지역이 아닌 지역으로서 개발제한구역 안의 훼손된 지역(건축물 또는 공작물 등 각종 시설물이 밀집되어 있거나 다수 산재되어 녹지로서의 기능을 충분히 발휘하기 곤란한 곳을 말하며 이 경우 각종 시설물의 적법 또는 불법 여부는 고려하지 아니한다. 이하 "훼손지"라 한다)의 복구계획 등 주변 개발제한구역에 대한 관리방안을 포함하여야 한다. 이 경우 복구하고자 하는 훼손지의

범위는 해제대상지역 면적의 100분의 10부터 100분의 20까지에 상당하는 범위 안에서 「국토의 계획 및 이용에 관한 법률」 제106조에 따른 중앙도시계획위원회의 심의를 거쳐 국토해양부장관이 입안권자와 협의하여 결정한다.<신설 2009.2.6>

⑤ 제4항 후단에 따라 복구하기로 한 훼손지는 해제대상지역의 개발사업에 관한 계획의 결정(「국토의 계획 및 이용에 관한 법률」 제49조 제1호에 따른 지구단위계획 결정을 말하며, 다른 법령에 따라 지구단위계획 결정이 의제되는 협의를 거친 경우를 포함한다. 이하 "개발계획의 결정"이라 한다.)을 받은 개발사업자(이하 "개발사업자"라 한다)가 복구하여야 한다. 이 경우 훼손지 복구에 소요되는 비용은 개발사업자가 부담한다.<신설 2009.2.6>

⑥ 입안권자 또는 개발사업자는 제4항 및 제5항의 규정에도 불구하고 국토해양부장관이 「국토의 계획 및 이용에 관한 법률」 제106조에 따른 중앙도시계획위원회의 심의를 거쳐 해당 시·군·구 및 인접 시·군·구에 훼손지가 없는 등 부득이 한 사유가 있다고 인정하는 경우에는 제4항에 따른 훼손지의 복구계획을 제시하지 아니하거나 제5항에 따른 훼손지의 복구를 하지 아니할 수 있다.<신설 2009.2.6>

⑦ 제4항 및 제5항에 따른 훼손지 복구에 관한 시행방법, 비용 등 필요한 사항은 대통령령으로 정한다.<신설 2009.2.6>

제12조(개발제한구역에서의 행위제한)

① 개발제한구역에서는 건축물의 건축 및 용도변경, 공작물의 설치, 토지의 형질변경, 죽목(竹木)의 벌채, 토지의 분할, 물건을 쌓아놓는 행위 또는 「국토의 계획 및 이용에 관한 법률」 제2조제11호에 따른 도시계획사업

(이하 "도시계획사업"이라 한다)의 시행을 할 수 없다. 다만, 다음 각 호의 어느 하나에 해당하는 행위를 하려는 자는 특별자치도지사·시장·군수 또는 구청장(이하 "시장·군수·구청장"이라 한다)의 허가를 받아 그 행위를 할 수 있다.<개정 2009.2.6., 2010.4.15>

　　1. 다음 각 목의 어느 하나에 해당하는 건축물이나 공작물로서 대통령령으로 정하는 건축물의 건축 또는 공작물의 설치와 이에 따르는 토지의 형질변경

　　가. 공원, 녹지, 실외체육시설, 시장·군수·구청장이 설치하는 노인의 여가활용을 위한 소규모 실내 생활체육시설 등 개발제한구역의 존치 및 보전관리에 도움이 될 수 있는 시설

03 2020년 수도권 광역도시계획

　광역도시계획은 「국토의 계획 및 이용에 관한 법률」에 기초하여 오랜 기간 논의 및 조정과정을 거쳐 2008년 최종적으로 합의에 이르렀다. 7개 광역도시권 가운데 가장 늦게 「2020년 수도권 광역도시계획」이 2009년 4월에 시행됐다. 수도권은 그린벨트 면적이 넓어 그린벨트 유지를 위한 여러 조치가 오랜 기간에 걸쳐 보완되었기 때문이다.

　「2020년 수도권 광역도시계획」에서는 그린벨트 활용가능지에 관한 기본방향을 다음과 같이 정했다. 그린벨트로 계속 보전할 가치가 낮은 지역은 부분적으로 산업용지 등 도시용지로 해제·활용을 허용하되, 지가상승이나 환경훼손 등의 부작용은 방지하도록 했다.

해제가능규모는 기존 광역도시계획에 반영된 해제예정총량 외에 기존 해제예정 총량의 30%에 상당하는 면적과 국정과제추진을 위하여 추가적으로 소요되는 면적 범위 내에 설정하도록 했다.

해제가능지역은 토지 특성상 보존가치가 낮은 환경평가결과 3-5등급지로서, 그 면적규모가 20만㎡ 이상을 원칙으로 했다. 우량농지는 농림수산식품부와 협의하여 포함하도록 했다.

해제절차는 여건변화에 따라 탄력적으로 대응할 수 있도록 했다. 광역도시계획에서는 별도의 조정대상지역 설정 없이 시도별로 그린벨트 해제가능총량만 배분 제시하되, 도 지역 내에서는 시 군 또는 일정 권역을 설정하여 배분 제시하도록 했다. 다만, 서민주택공급 건설계획 등 국가계획과 관련된 경우에는 권역전체에 대한 해제가능총량만 제시하도록 했다.

04 관리계획 수립 시 입지예정시설에 대한 중요운영기준

2009년과 2010년 기간 중 국토해양부 중앙도시계획위원회에서는 개발제한구역 관리계획 수립 시 입지예정시설에 대한 중요운영기준을 제정하여 환경평가 1 · 2등급지에 관한 세부 운영을 진행한 바 있다.[16]

동 운영기준에서는 「개발제한구역제도 개선방안」과 「개발제한구역의 지정 및 관리에 관한 특별조치법」에 기초하여 그린벨트 세부 운영지침을 제정 활용했다.

---

16 국토해양부, 2009, 관리계획 수립 시 입지예정시설에 대한 중요운영기준.

관리계획 시 보전가치가 낮은 지역(예컨대 환경평가 4·5등급지)에 시설입지를 허용했다. 보전가치가 높은 지역(예컨대 환경평가 1·2등급지)에는 시설입지를 허용하지 않았다.

그린벨트 훼손된 부분의 개념 및 면적 산정 시 특기사항은 다음과 같다. 그린벨트 훼손이란 건축물의 건축, 공작물의 설치, 토지의 형질변경 등으로 훼손되어 그 상태로는 녹지로서의 기능이 충분히 발휘하기 어려운 것을 말한다. 그리고 그 훼손된 부분의 면적 산정 시 골프장을 허용을 받기 위하여 고의적이거나 불법적으로 그린벨트를 훼손시킨 부분은 그 훼손된 부분의 면적 산정 시 이를 제외하도록 했다.

05 환경평가 1·2등급지역의 보전관리 원칙

광역도시권 그린벨트 해제 기준을 만들기 위한 환경평가 등급에서는 각 지표의 환경평가 등급을 5개 등급으로 나눴다. 숫자가 낮을수록 환경적 가치가 높고 숫자가 많아질수록 환경적 가치가 낮은 것으로 평가했다. 따라서 1등급이 가장 높고 5등급이 가장 낮다. 주목할 점은 「상위등급우선원칙」을 적용하여 종합등급도를 작성했다는 점이다.

1999년 7월 22일 건설교통부가 국민들에게 발표한 그린벨트제도 개선방안 가운데 환경평가에 관한 핵심내용은 '환경평가결과 1·2등급지역은 묶고, 4·5등급지역은 풀며, 3등급은 광역도시계획에 따라 조정한다.'는 대원칙이다. 그리고 이러한 원칙은 그린벨트 존속과 함께 변함이 없을 것이라는 점을 분명히 했다.

이러한 선언은 박정희 정부시절 그린벨트 설치를 천명했을 때와 같은 효력을 발휘했다. '환경평가결과 1·2등급은 묶고, 4·5등급은 풀며, 3등급은 평가하여 조정한다.'는 1999년의 대원칙에 입각하여 각급 지방도시계획위원회와 국토교통부 중앙도시계획위원회에서 오늘날까지 그린벨트 심의가 이루어지고 있다.

그린벨트를 분석하는 과정에서 주목되는 것은 1971년 이후 2024년의 53년간 유지되어온 그린벨트에 관한 많은 논의와 정책변화 가운데서도 변하지 않는 몇 가지 원칙이 있다는 점이다.

첫째는 1971년 지정 당시부터 오늘날까지 지속되어온 그린벨트의 절대적인 존치의 필요성에 관한 원칙이다. 우리나라는 1980년대 이후 국토관리에 있어 환경적 요인이 중요한 변수로 적용되어 왔다. 특히 1992년 리우환경회의를 계기로 환경의 중요성이 더욱 인식되었다. 종래의 녹색정책에서 한 단계 높아진 푸른 그린벨트정책으로의 발전이 필요한 시점이다. 이러한 배경하에서 그린벨트의 보전의 가치는 더욱 클 것으로 예견된다.

둘째는 해제논의 과정에서 정해진 환경평가 이후 발표된 원칙이다. 1-5등급 중 상위 1·2등급에 해당하는 보전가치가 높은 지역은 보전·생산녹지지역, 공원 등 절대보전지역으로 지정한다는 원칙이다. 여기에 해당하는 면적은 구역면적의 60% 내외다. 그리고 도시권별로 보전지역으로 지정하는 면적은 환경평가 1·2 등급 면적의 총량이 유지되도록 하는 것을 포함하고 있다. 3-5등급의 경우는 그린벨트의 용도지역인 자연녹지지역으로 하되, 장기 도시발전방향을 감안하여 단계적으로 도시용지로 활용하는 내용의 도시계획을 입안하여 보전녹지지역 등 지정에 관한 도시계획 결정과 도시에 그린벨트를 해제할 수 있도록 하고 있다. 여기에 해당하는 면적은 구역면적의 40% 내외다.

여기서 특히 주목되는 점은 환경평가 1 · 2등급으로 지정된 지역은 해제가 이루어져서는 안 된다는 것을 원칙으로 정했다는 내용이다. 이러한 그린벨트 보존에 관한 환경적 원칙은 1999년 7월 그린벨트 제도개선방안 이후 오늘날까지 그린벨트가 유지 · 관리되어 오는 버팀목이 되고 있다. 그린벨트 개선방안이 발표될 때나 그 이후 관련법과 시행령, 그리고 각종 관련 운영기준에서 「환경평가 1 · 2등급 유지의 원칙」이 준수되어 왔다는 사실은 국민들의 환경의식이 매우 높다는 것을 반증하는 결과이다.

따라서 그린벨트 조정과정에서 환경평가 1 · 2등급의 보전가치가 높은 곳은 그린벨트의 존치 원칙을 지켜야 한다. 도시계획 구역설정 과정에서 환경평가 1 · 2등급은 기본적으로 개발 대상에서 제척해야 한다. 불가피하게 환경평가 1 · 2등급을 도시계획 구역 안에 포함시킬 경우 공원 · 녹지 등의 보전용지로 반드시 지정해야 한다.

1999년 7월 건설교통부가 그린벨트의 조정을 발표한 이후에는 「환경평가 1 · 2등급 유지의 원칙」에 관한 특별한 조치가 행해지지 않았다. 이러한 원칙에 따라 환경평가 1 · 2등급 지역은 보전지역으로 잘 유지 · 관리되고 있다. 1999년 7월 이후 환경평가는 1회 실시했다. 그 이후 큰 변화 없이 그대로 유지되고 있는 상태다. 그린벨트의 지정 및 관리에 관한 특별조치법 어디에도 환경평가 1 · 2등급 지역 해제가능 여부에 관한 언급은 없다. 이는 환경평가 1 · 2등급이 그린벨트의 보전지역으로서 유지 보전한다는 절대적 철칙에 변함이 없음을 반증하는 내용이다.

2024년 기준으로 대한민국의 그린벨트는 세계적 평가를 받는 선진적 그린벨트 운영국가다. 국민들이 환경 보전에 대한 절대적 지지를 해 주고 있기 때문이다. 1998년 이래 대부분의 국민들은 그린벨트가 도시의 녹지 환경을 지켜주는 아주 유용한 정책이라 생각하고 있다는 것이 확인됐다. 국토의 3.9% 정도가 그린벨트로 보전되어 있는 현실이 이를 입증한다. 정부는 조정론의 관점에서 그린벨트의 누적된 문제를 대부분 해결한 상황이다.

　　2024년에 이르러 일각에서 1·2등급지에 대한 해제 논의가 있었다. 현재 존속되어 있는 1·2등급지는 해제가 가능하지 않은 상태의 그린벨트가 대부분이다. 그린벨트 1·2등급지는 표고 150m 이상, 경사도 26° 이상으로 활용하기 어려운 지역이다. 농업적성도 측면에서 경지정리완료지구, 용수개발완료지구, 농업진흥지역이다. 식물상 측면에서 영급 21년 이상의 우수한 이차 천연림이거나 영급 41년 이상의 인공림이다. 임업적성도 측면에서 임지생산능력 2급지 이상의 지역이다. 수질 측면에서 수질 오염원 지수, 취수구와의 거리, 폐수배출 허용기준, 수질목표 등급 지표가 최상위 평가를 받는 지역이다. 다시 말해서 환경평가 1·2등급의 그린벨트 지역은 표고가 높고 경사도가 가파른 지역, 경지정리와 용수개발이 완료되었거나 농업진흥지역이 남아 있다. 해제가 거의 불가능한 내용은 식물상에서 나타난다. 1998년 이래 26년이 흐른 2024년 기준으로 식물상 환경평가 3등급지는 1·2등급지 수준으로 상향되었다. 더욱이 환경평가 1·2등급지는 나무가 울창한 숲으로 바뀌었다. 대도시 주민은 풍부한 녹지가 보전됨으로써 환경적 수혜를 받고 있다. 수질의 경우 상수도 보호권역 수준지역이 주로 남아 있어 해제가 가능하지 않다.

제 7 장

그린벨트 관련 논리

대한민국 그린벨트는 1997년의 대통령 선거를 계기로 커다란 변화를 겪었다. 김대중 대통령 당선 이후 1998년 그린벨트가 대폭 조정되면서 논란이 본격화됐다. 해당지역 주민들은 해제 조정의 관점에서 환영의 뜻을 나타냈다. 시민·환경단체는 해제 반대를 분명히 하면서 보전운동을 펼쳤다. 시민환경단체는 갤럽의 여론조사를 예로 제시했다. 국민의 62.8%가 정부의 그린벨트 해제에 반대하며, 24.9%는 그린벨트의 확대를 요구했다고 밝혔다.[1] 시민환경단체는 그린벨트를 해제하지 않고 주민들의 재산권을 보장해 줄 수 있는 방안을 모색해야 한다고 주장했다. 그린벨트의 해제 혹은 보전에 따른 문제점들은 익히 알려져 있다. 또 그린벨트에 관심있는 국민은 누구나 찬반 의견을 가질 수 있는 주제다. 많은 이해관계가 복잡하게 얽혀있어 만족스러운 해결방안을 찾기가 결코 용이하지 않다는 것도 사실이다.

이에 그간 진행되어온 그린벨트 관리에 관련된 다양한 논의들을 되짚어보고, 그 내용을 분류 정리해 보기로 한다. 이를 위해 여기에서는 일차적으로 그린벨트 관련주체들의 입장을 분석하고자 한다. 이어 보전론과 해제론, 그리고 조정론 등의 그린벨트 패러다임을 고찰하기로 한다.

---

1 한국갤럽, 1998. 11, 그린벨트 조정에 대한 국민여론 조사보고서, 5쪽.

제1절
그린벨트 관련주체들의 입장

　　1998년 그린벨트 변화기에 다양한 의견이 개진됐다. 그러나 그린벨트를 계속해서 존치시켜야 한다는 필요성에 관해서는 대체적으로 국민적 공감대가 형성되어 있었다. 또한 도시화가 계속 진행되고 있으며 대도시 집중이 계속되고 있는 시점에서, 그린벨트의 전면해제나 전격적인 개발허용은 바람직하지 않다는 것이 중론이었다. 현실적으로는 대통령의 공약이었기 때문에 그린벨트 조정이 불가피한 상황이 전개됐다. 그린벨트에 관한 상황이 복잡하게 펼쳐졌다. 이 과정에서 그린벨트 관련주체들의 의견과 입장이 다양하게 표출됐다. 정부는 그린벨트 조정을 위한 여러 가지 대책을 마련해 1999년 그린벨트 개선시안을 발표했다.

　　그린벨트에 관련된 주체는 구역 내 토지 내지 가옥 소유자, 중앙정부, 지방정부, 국회의원, 지방의회, 전문가, 시민환경단체, 언론 등이라고 할 수 있다. 이들은 각자의 입장에 따라 그린벨트에 관한 다양한 의견을 개진했다. 1999년의 경우 우리나라 그린벨트에 관하여 확실한 입장 표명을 했던 관련주체는 ① 개발제한구역제도개선협의회, ② 그린벨트 살리기 국민행동, ③ 환경부, ④ 그린벨트 구역주민 등이었다. 여기에서는 각 관련주체들의 의견을 분석해서 그린벨트에 관한 관련주체들의 입장을 정리해 보기로 한다.

01 개발제한구역제도 개선협의회

그린벨트 관리에 대해 가장 구체적으로 제시된 의견은 건설교통부 산하의 개발제한구역제도 개선협의회(이하 "협의회")가 만든 「개발제한구역제도 개선방안」이라는 개선시안이다. 건설교통부는 1998년 4월에 지역주민대표 3명, 언론계 3명, 환경단체 1명, 전문가 12명, 공무원 3명, 위원장 1명 등 23명으로 협의회를 구성했다. 협의회는 그린벨트 지역에 대한 현장답사를 실시하고 외부전문가에게 자문을 구했다. 1998년 8월에는 협의회 위원 4명, 건설교통부 공무원 2명, 연구기관 3명 등 9명으로 조사단을 구성하여 영국의 환경교통성, 버밍햄 시청, 허트포드쉐어 도청, 그린벨트관련 민간단체, 런던대 등을 방문해 영국의 그린벨트 실태를 조사했다. 협의회는 전체회의를 10회, 3개 분과위원회의를 17회 개최했다.

특히 1998년 5월에서 8월 사이에 3,000여명을 동원해, 거주인구, 토지·건축물 현황, 토지소유 실태 등 25개 항목에 대해 실태조사를 실시했다. 실태조사에서는 집단취락 등 411개 표본지역에 대해 현장조사를 실시했다. 1998년 8월에는 일반시민, 구역주민, 전문가 등 2,420명을 대상으로 그린벨트 제도개선에 대한 설문조사를 실시했다. 설문조사에서 그린벨트 구역주민은 대폭해제(52%)를, 일반시민은 소폭해제(53%)를 희망했다. 해제대상으로는 집단취락, 경계선이 건축물을 통과하는 경우, 기성 시가지 및 기타 보전가치가 적은 지역 순으로 응답했다. 그리고 그린벨트 내 토지소유자들은 매수청구권 부여(38%), 인근토지와 지가 차이 보상(28%), 재산세 감면 영농자금 지원 등(23%)을 희망했다. 이러한 과정을 거쳐 1998년 11월 25일 협의회가 발표한 개선시안은 다음과 같이 크게 일곱 가지로 정리된다.[2]

1) 지정실효성이 적은 도시권의 구역전체 해제

지정당시에 비하여 여건이 변화되었거나 도시의 무질서한 확산과 도시주변 자연환경 훼손의 우려가 적은 도시권은 지정실효성을 검토하여 구역전체를 해제한다. 그린벨트가 지정된 도시권을 ① 인구규모, 인구증가율, 도시간 통근 통학량, 건축허가면적 등의 시가지지표, ② 주택보급률, 도시개발밀도, 개발가용지 등의 확산지표, ③ 녹지율, 대기오염도, 수질오염도, 농지보전, 쾌적성 등의 환경지표, ④ 인접도시와의 연담화, 당초 지정목적 등의 정책지표 등의 각종 지표를 토대로 통계적 방법으로 종합 평가해 결정한다. 해제되는 도시권은 1998년 말에 확정한다. 이들 도시권에도 자연환경보전을 위하여 필요한 경우 보전녹지지역으로 지정하는 등 다른 도시계획수단으로 관리한다.

2) 존치되는 도시권내 보전가치가 낮은 지역의 조정

시가지 집단취락 등 환경적 보전가치가 낮은 지역을 선정하기 위해 환경

---

2 개발제한구역제도 개선협의회, 1998.11.25, 개발제한구역 제도개선방안, 14p.
   건설교통부, 1998, 개발제한구역(그린벨트) 제도: 이렇게 개선하고자 합니다, 29p.

평가를 실시한다. 평가항목은 ① 표고, 경사도, 농업적성도, 임업적성도, 재해 및 침수위험성 등의 물리적 요소, ② 식물·동물생태, 수질, 대기보전, 경관 등의 환경적 요소, ③ 토지이용규제의 정책적 요소 등 12개 항목을 조사해 토지의 보전가치를 등급화한다. 보전가치가 낮은 지역을 해제하되, 도시권별로 여건을 감안하여 해제 폭을 차등화한다. 환경평가에서는 토지의 현 상태를 기준으로 평가하되, 불법 훼손된 토지는 원상태로 평가한다. 환경평가를 위한 세부 기준 및 방법은 국토개발연구원, 환경정책평가연구원, 농촌경제연구원, 임업연구원 등 4개 연구기관이 공동으로 1999년 6월까지 마련한다.

그리고 구역지정 이전부터 지적법상 지목이 「대」인 토지, 구역지정 이전부터 기존 주택이 있는 사실상 대지인 토지, 구역지정 당시 주택지조성을 목적으로 허가를 받아 조성되었거나 조성 중이던 토지 등 구역지정 이전부터 있던 「대지」에는 환경평가 이전이라도 규제를 완화해 주택신축을 허용한다. 건축규모는 자연녹지지역 수준으로 한다. 환경평가 결과 존치되는 지역안의 취락에 대해서도 규제완화 또는 해제조정을 실시한다. 보전등급이 높게 평가된 지역도 도시의 적정한 발전을 위해 그 일부의 해제가 필요한 경우에는 구역 밖의 다른 토지를 대체 지정하는 조건으로 해제가 가능토록 한다.

3) 해제지역의 관리를 철저히 하고 난개발을 방지

그린벨트 해제 시 지역에 따라서는 무질서한 개발이 이루어질 수 있으므로 가급적 계획적인 개발이 필요하다. 전면 해제되는 도시는 도시별로 도시기본계획과 도시계획을 변경토록 조치한다. 부분 해제되는 도시도 지역여건에 따라 도시기본계획과 도시계획을 변경토록 조치한다. 도시기본계획과 도시계획을 수립할 때에는 환경적인 측면을 충분히 고려하도록 조치한다. 도심 자투리공원을 만들어 녹지공간을 확보하고 생태통로를 마련하는 등 친환경적 도시공간을 창출한다.

4) 해제로 인한 이익 환수

해제로 인한 지가상승이익은 개발 부담금, 양도소득세, 공영개발, 공공시설설치부담 등 현행제도를 활용하여 최대한 환수한다. 개발이익은 개발부담금을 부과하여 환수하되, 지정 후 토지를 취득한 자에 대해서는 구역조정에 따른 지가차익도 개발이익에 포함하여 환수한다. 구역지정 이전 취득자는 사업 착수시점을 기준으로, 지정 이후 취득자는 취득일을 기준으로 환수한다. 취득일이 구역조정일로부터 2년 이전인 경우에는 구역조정일로부터 2년 전에 해당하는 날을 기준으로 환수한다. 지가가 급등하는 지역에 대해서는 실거래 가격수준으로 양도소득세를 부과한다. 일단의 단지규모로 개발이 가능한 토지는 가급적 국가나 지자체 등 공공기관이 전면 매수하여 개발한다. 개발사업자에게는 도로 · 상하수도 등 공공시설을 설치하도록 의무화한다.

5) 존치지역의 관리

존치되는 지역은 철저히 보전함을 원칙으로 한다. 구역의 지정목적을 손상하지 않은 범위 내에서 주민불편을 최소화한다. 그간 낮은 지가와 시설

입지의 용이성 때문에 구역훼손의 62%를 차지해 왔던 공공시설과 공익적 시설의 설치를 최대한 억제한다. 환경평가결과에 따라 존치지역도 바닥용 도지역을 보전녹지 · 생산녹지 또는 자연녹지지역 등으로 세분화하여 관리한다. 구역주민의 불편해소를 위해 건축규제완화, 절차간소화, 이중규제해소 등의 대책을 강구한다. 그린벨트와 상수원보호구역, 도시공원, 국공립공원, 하천구역, 문화재보호구역 등 다른 법률에 의한 구역 등이 중복 지정되어 있는 경우에는 주민의 불편해소 차원에서 그린벨트 규정의 적용을 배제한다. 구역지정 목적에 어긋나지 않는 범위 내에서 지역여건에 따라 옥외체육시설 및 자연친화적 휴식 공간 설치를 허용한다. 이미 허가를 받아 설치된 시설의 경우 허가된 구역 안에서는 그 기능유지를 위해 필요한 부대시설 등의 설치를 허용한다.

6) 존치지역에 대해 지원

구역보전차원에서 구역지정 이전부터 소유하고 있는 토지에 대해서는 토지소유자의 청구가 있을 경우 위치, 지목, 이용 상황 등을 고려해서 우선순위를 정해 단계적으로 매입함을 원칙으로 한다. 재원은 구역훼손부담금, 개발 부담금, 채권발행 등으로 조달하여 특별회계로 관리한다. 공공사업시행에 편입되는 토지는 정당한 가격으로 보상한다. 구역 내 주민에 대한 지원을 확대한다. 「취락지구」 안의 공공시설설치 및 주택 신 · 증축을 지원한다. 기존 세입자에게 해제되는 지역에 건축되는 저소득층용 임대주택의 입주우선권을 부여한다.

7) 부동산투기 억제

시안발표와 동시에 전 지역을 토지거래 허가구역으로 지정한다. 그리고 토지거래전산망 활용, 관계부처 합동조사 등을 통해 거래감시를 강화하고, 지가가 급등한 지역에 대해서는 실거래가격수준으로 양도소득세를 중과한다.

02 그린벨트 살리기 국민행동

그린벨트 살리기 국민행동(이하 '국민행동')은 1998년 11월 24일 서울 흥사단에서 창립대회를 가졌다. 정부와 정치권에게 '그린벨트를 생태 환경적 차원에서 보전하면서 그린벨트 구역주민의 권익을 보호해 줄 수 있는' 여러 내용을 건의했다. 특히 국민행동은 협의회의 시안에 대하여 다각적으로 분석하여 그 문제점을 상세하게 검토하면서 개선안을 제시했다. 국민행동의 건의 내용은 다음의 일곱 가지로 정리될 수 있다.[3]

1) 연내 일부권역 전면해제 유보

정부는 대통령 지시사항이라는 이유로 1998년 안에 어떠한 형태로든 그린벨트 구역조정을 확정하려고 서두르고 있다. 이처럼 급하게 추진하다보니 정작 대통령의 공약인 「선 환경평가 후 조정」이라는 원칙을 정부 스스로

---

3 국민행동이 1998년 11월에서 1999년 5월 사이에 낸 각종 건의사항을 종합한 것이다. 권용우는 「그린벨트 살리기 국민행동」 정책위원장을 역임했다.

위반하고 있다. 건설교통부가 발표한 제도개선안에 의하면 환경평가 기준은 1999년 6월에 마련되는 데 비해, 일부권역을 1998년 안에 해제하기 위해서 서둘러 별도의 기준을 작성하고 있다.

정부가 제시한 평가기준에는 도시별 특성이나 지정목적, 도시발전 가능성에 대한 항목들은 제외되어 있어 권역 전체를 해제할 만한 근거로는 부족하다. 더욱 심각한 문제는 그린벨트 구역 조정을 함에 있어서 전면해제 기준과 환경평가 기준이라는 이중적 기준을 적용해야 하는 절차상의 불합리성으로 인해, 심각한 혼란을 초래하고 주민들의 민원을 엄청나게 증폭시킬 위험이 있다는 점이다. 그리고 건설교통부의 설문조사에 의하면 그린벨트 주민조차 전면해제에 찬성하지 않고 있는 현실을 고려한다면[4] 이처럼 급하게 서두를 일이 아니다. 정부는 1998년내 일부 권역에 대한 전면해제 방침을 유보하고 동일한 평가 기준에 입각한 실태조사를 통해서 해제 여부에 대한 논의를 신중히 진행해야 한다.[5]

2) 부분해제를 위한 환경평가항목 보완 및 실태조사

1999년에 진행되는 부분해제를 위한 환경평가항목을 살펴보면, 환경부문에 대한 평가에 치우쳐 있어 그린벨트 지정목적을 고려하고 있지 못하다. 그린벨트의 가장 중요한 지정목적인 도시의 무질서한 확산방지에 대한 고

---

4 그린벨트 주민 중 전면해제 찬성 주민이 18.3%로 집계됐다(출처: 개발제한구역제도 개선협의회, 1998.10, 그린벨트 제도개선을 위한 설문조사 분석결과요약, 2쪽).

5 1998년 12월 24일 진행된 정부 측과 시민환경단체 간의 이른바 「그린벨트 회담」이후, 1999년 1월에 정부에서는 이러한 내용을 받아 들여 그린벨트 일부 구역의 전면해제 여부를 1999년 7월 이후에 논의하기로 결정했다.

려를 위해서는 인구유입, 교통, 도시팽창 가능성 등 도시적 요소가 추가되어야 한다. 부분해제지역에 대한 논의는 이렇게 개선된 종합적인 평가를 전제로 새로이 진행되어야 한다.

3) 명백하게 불합리한 지역에 대한 해제

그린벨트 구역을 지정한 1971년 이래 생활상의 불편과 재산상의 불이익을 받아온 지역주민들에 대한 대책을 마련해 주어야 한다. 이에 따라 기본적인 삶의 질 유지를 위한 규제완화와 더불어, 명백하게 불합리한 구역에 대한 조정이 이루어져야 한다. 집단취락, 기성 시가지화 구역, 도로관통으로 인하여 분리된 토지 등은 지정 전 용도에 맞게 이용할 수 있도록 해야 한다.

4) 존치지역 토지에 대해 우선순위에 따른 보상

그린벨트 조정대상에서 제외되는 지역주민들에 대한 보상 방안이 마련되어야 한다. 이것은 지역주민들이 가지고 있던 상대적 박탈감을 해소하고 자발적인 그린벨트 관리를 위해서 필수적이다. 해제 이후 존치되는 지역 토지에 대해서는 이용용도와 평가결과를 바탕으로 우선순위를 정하여 적정한 보상을 추진해야 한다. 보상의 재원은 그동안 직·간접적으로 수혜를 받아온 국민들과 정부의 공동부담으로 마련해야 한다.

5) 해제이익 환수와 투기억제를 위한 대책의 철저한 집행

정부는 경기부양을 이유로 해제지역에 대한 투기를 예방하기 위한 토지거래허가구역을 폐지하겠다고 밝힌 바 있다. 이것은 경기부양을 빌미로 토지에 대한 투기를 공공연히 인정하겠다는 것과 크게 다를 바가 없다. 해제 이후 개발이익 환수 조치는 원거주민과 지정 이후 토지 매입자에 대해 차등을 두어 적용되어야 한다.

6) 대표성과 신뢰성을 담보할 수 있는 위원회의 구성

건설교통부 산하에 구성되었던 개발제한구역제도개선협의회는 그 구성에 있어 생태환경관련 전문가는 한 명도 포함되지 않았고 환경단체 대표는 1인밖에 참여하고 있지 않아 국민 대다수의 의견을 수렴할 수 있는 구조가 아니었다. 또한 1998년 11월 25일 제도개선안 발표 이후 이루어졌던 권역별 공청회는 주민들의 목소리만 일방적으로 전달하는 형식적인 수준을 벗어나지 못했다. 이에 「그린벨트 살리기 국민행동」은 대표성과 신뢰성을 담보할 수 있는 그린벨트 제도개선을 위한 위원회를 구성할 것을 건의한다.

7) 국토에 대한 친환경적이고 효율적인 정책의 수립

해제되는 지역이 난개발 되지 않고 환경적으로 쾌적성을 유지하는 방향으로 이용될 수 있도록 지구상세계획을 수립해야 한다. 더 나아가 이번 기회에 토지정책에 대한 근본적 개혁을 추진해야 한다. 그린벨트 문제의 핵심은 너무나 자유롭게 이용되고 있는 그린벨트 밖의 토지에 있다. 우리나라 토지이용정책은 규제지역과 비(非)규제지역에 대한 차이가 너무나 현격하다. 이러한 현격한 차이가 그린벨트 거주민들의 상대적 박탈감의 주요한 원인이 되어 왔다. 따라서 그린벨트 문제의 진정한 해결을 위해서는 우리 국토에 대한 장기적인 비전을 가지고 현재의 토지정책 전반에 대한 전환이 필요하다. 이러한 토지정책 전환과 더불어 개발권양도제도 등에 대한 적극적인 추진은 그린벨트 문제를 근본적으로 해결하는 방안의 하나가 될 것이다.

이상의 7개 사항은 1998년 12월 24일 롯데호텔 아테네 가든에서 개최된 정부·국책연구기관과 시민환경단체와의 이른바 「그린벨트 회담」에서 주요 쟁점으로 논의됐다.[6] 그날 회의에서 7개 쟁점 가운데 첫 번째 '전면해제안 유보' 항을 제외한 나머지 여섯 가지 쟁점을 완전 합의했다. 합의된 여섯 가지 쟁점에 관한 내용이 그린벨트 해제과정에서 구체적으로 실행되어 1999년 그린벨트 개선안이 마련됐다.

시민환경단체에서는 이러한 7개 쟁점사항 이외에 더 많은 의견을 개진했다. 그 내용 가운데 주목할 만한 주장은 다음과 같다. 첫째는 그린벨트의 순기능에 대한 고려가 필요하다. 서울, 부산, 대구, 광주 등 대도시 주변 그린벨트 구역에서는 비지적(leapfrogging) 팽창이 확인되고 있다. 이것은 그린벨트 설치목적인 도시의 확산 방지가 이루어졌다는 반증이다. 그린벨트를 설치하지 않았으면 비지적 팽창 대신에 외연적(spillover) 팽창이 이루어져 도시는 광역적으로 확장되었을 것이기 때문이다. 우리나라 도시 면적은 전 국토의 4.8%다. 도시 인구수는 1995년 기준으로 전체 인구의 88.8%인 39,634,503명이다. 이에 비해 그린벨트 면적은 전 국토의 5.4%다. 그린벨트 내 인구수는 1998년 기준으로 742,000명으로 전국 인구의 1.6%다. 도시와 그린벨트에 관한 인구분포상에서 확인되듯이 그린벨트는 도시로의

---

6 그린벨트 회담에는 정부·국책연구기관의 7명과 시민환경단체의 7명 등 총 14명의 대규모 전문가가 참석하여 4시간의 마라톤 회의를 진행했다.

인구 집중이나 대도시의 확산 방지에 큰 역할을 하고 있다고 판단된다. 그리고 그린벨트의 환경적 순기능에 의해 삶의 질이 유지되었다는 국민적 공감대가 형성되어 있다.

둘째는 그린벨트를 해제했을 때 나타날 역기능에 대한 고려를 해야 한다. 수도권의 그린벨트를 풀면 단독주택이 들어선다고 해도 3,400,000명의 인구증가가 있을 것으로 예측됐다. 교통량은 830,000대가 증가하며, 중랑천의 홍수피해 정도가 15% 증가할 것으로 추정됐다.[7]

셋째는 그린벨트 해제와 관련하여 공적 규제 지역과의 형평성, 관리의 주체와 기구 등 그린벨트와 관련하여 정리해야 할 문제들이 더 논의되어야 마땅하다.

03 환경부

환경부는 1998년 12월 28일「개발제한구역제도 개선시안에 대한 의견」이라는 의견서를 통해 협의회 사안에 관해 다음과 같은 공식 입장을 표명했다.

제도개선의 방향

그린벨트 지정의 궁극적인 목적은 쾌적한 도시환경을 유지하기 위한 것이므로 환경에 미치는 전반적인 영향을 감안하여 제도의 기본 틀은 유지

---

7 이정전 외, 1998. 11. 23, 우리 나라 그린벨트 정책이 나아가야 할 길, 그린벨트 시민연대.

되어야 한다. 구역조정으로 인한 영향을 최소화하기 위해 이번의 구역조정은 당초 불합리하게 지정된 지역과 지역주민의 생활불편을 최소화하는 범위로 한정하여야 한다. 환경에 미치는 영향은 장기적이고 비가역적인 특성이 있으므로 장기적으로 국토의 생태적 건강성을 향상시키고 지역주민의 피해를 최소화하기 위한 토지이용규제제도 전반의 개선방안을 지속적으로 검토해야 한다. 환경에 미치는 영향을 사전에 예방하기 위해 도시권별 구역전체를 포함한 구역조정은 환경에 미치는 영향을 충분히 예측하고 적절한 계획과 대책을 세운 후 실시해야 한다.

도시권별 구역전체 해제의 내용

구역전체를 해제하는 것은 그 영향이 클 수 있으므로 과학적 · 객관적 검토를 거쳐 신중히 결정하되, 도시 확산의 우려가 없고 환경상 나쁜 영향이 예상되지 않는 도시권에 한정해야 한다. 전체 해제 도시권 선정을 위한 작업은 도시계획전문가뿐만 아니라 환경전문가를 참여시켜 보다 과학적이고 객관적인 평가를 신중하게 실시하는 것이 바람직하다.

일부 해제도시권의 구역조정의 내용

상수원에 영향을 미치는 지역 등 해제 시 환경 상 영향이 우려되는 지역에 대해서는 그린벨트를 현행대로 유지하는 것이 바람직하다. 그린벨트 가운데 상수원보호구역 등은 환경관련 보호지역 지정 또는 환경대책이 마련된 후 해제 여부를 검토해야 한다. 그린벨트 내 취락지구를 지정하여 규제를 완화하는 방안은 존치지역의 관리방향과 부합되도록 규제수준의 신중한 조정이 필요하다.

해제지역의 관리와 난개발 방지의 내용

도시권별로 도시면적의 일정비율 이상을 보전녹지지역으로 지정하게 하는 등 녹지보전대책을 구체화해야 한다. 해제지역의 무분별한 개발 시 경관훼손·수질오염 등이 우려되므로 상세계획구역으로 지정하는 등 계획적인 저밀도 개발을 유도해야 한다.

존치지역의 관리의 내용

그린벨트로 존치되는 지역은 철저하게 보전해야 하므로 존치지역에 옥외체육시설 설치를 허용하는 것보다, 생태공원·자연 학습원 등 자연 친화적이며 교육·휴식공간으로 이용할 수 있는 시설에 한정하여 허용함이 바람직하다.

구역조정과정의 내용

지자체의 환경평가 및 구역조정 작업 시 환경전문가도 참여시켜 환경평가에 내실을 기해야 한다.

04 그린벨트 구역주민

　그린벨트 구역주민은 사단법인 「전국개발제한구역주민협회」 등을 구성하여 그린벨트의 전면 해제를 주장했다. 해제이익 환수는 신중을 기해야 하며 지가를 현실화한 후 규제를 적용해야 한다고 제시했다. 그리고 토지거래 허가구역은 폐지되어야 하며, 보전지역에 대해서도 현시지가로 매입할 것을 요구했다.

제2절

보전론과 해제론, 그리고 조정론

　이제까지의 고찰에서 그린벨트 관련주체들은 각자의 입장에 따라 다양한 의견을 개진하고 있음을 확인할 수 있다. 이들의 주장을 내용에 따라 분류하면 보전론, 해제론, 조정론의 세 가지 논리로 정리할 수 있다.

　첫째는 보전론이다. 보전론자는 현재의 도시 관련법에 적시된 몇 개의 조문으로는 그린벨트 보전에 한계가 있으므로 「그린벨트 특별법」 등을 제정해서 그린벨트를 '개발제한지역'이 아닌 '국토보존지대'로 격상하여 적극적으로 관리해야 한다고 주장했다.

　둘째는 해제론이다. 해제론자는 그린벨트가 있어도 도시의 무분별한 확산이 진행되어 녹지지역의 의미가 퇴색되고 있으며 개발가능지가 고갈되었기 때문에 그린벨트를 해제해서 도시지역으로 개발해야 한다고 주장했다.

　셋째는 조정론이다. 조정론자는 그린벨트의 해제까지는 가지 않더라도 생활불편은 적극적으로 해소되어야 하고, 축사 · 농가시설 등의 농업활동시설에 대해서는 제한을 두지 말아야 하며, 환경시설·생활불편시설 등은 점차적으로 허용되어야 한다고 주장했다.

　그린벨트 관련주체들은 이러한 세 가지 관점에 대하여 각각 다른 입장을 보였다. 그러나 대체로 그린벨트의 장점을 살리면서 1971년 그린벨트 구역 지정 이전부터 현지에서 살아 왔던 원거주민의 불이익을 보상해 주어야 한 다는 견해에는 큰 이의가 없는 것으로 인식됐다. 이에 여기에서는 그린벨트 조정 전후부터 지금까지 논의되고 있는 보전론과 해제론, 그리고 조정론의 논리를 좀더 상세히 고찰 정리해 보기로 한다.

01 보전론

　보전론자는 현재의 도시 관련법에 적시된 몇 개의 조문으로는 그린벨트 보전에 한계가 있으므로 그린벨트를 '개발제한구역'이 아닌 '국토보존지역' 으로 격상하여 적극적으로 관리해야 한다고 주장한다. 그린벨트 살리기 국 민행동과 환경부는 보전론을 펼쳤다.

1) 그린벨트 살리기 국민행동의 건의사항

　그린벨트 살리기 국민행동(이하 '국민행동')은 1998년 11월 24일 서울 흥사단 에서 창립대회를 가졌다. 국민행동은 정부와 정치권에게 '그린벨트를 생태 환경적 차원에서 보전하면서 그린벨트 구역주민의 권익을 보호해 줄 수 있 는' 여러 내용을 건의해 왔다. 특히 국민행동은 협의회의 시안에 대하여 다각적으로 분석해 그 문제점을 상세하게 검토하면서 개선안을 제시했다. 국민행동의 건의 내용은 ① 일부권역 전면해제 유보 ② 부분해제를 위한 환경평가항목 보완 및 실태조사 ③ 명백하게 불합리한 지역에 대한 해제 ④ 존치지역 토지에 대해 우선순위에 따른 보상 ⑤ 해제이익 환수와 투기억제를 위한 대책의 철저한 집행 ⑥ 대표성과 신뢰성을 담보할 수 있는 위원회의 구성 ⑦ 국토에 대한 친환경적이고 효율적인 정책의 수립 등으로 정리될 수 있다.[8]

2) 환경부의 입장

환경부는 1998년 12월 28일 「개발제한구역제도 개선시안에 대한 의견」이라는 의견서를 통해 협의회 사안에 관해 다음과 같은 공식 입장을 표명하였다. 환경부의 입장은 ① 환경에 미치는 전반적인 영향을 감안하여 제도의 기본 틀 유지 ② 도시확산의 우려가 없고 환경상 나쁜 영향이 예상되지 않는 도시권에 한정하여 해제 ③ 상수원에 영향을 미치는 지역 등 해제 시 환경 상 영향이 우려되는 지역에 대해서는 그린벨트를 현행대로 유지 ④ 해제지역의 친환경적 관리와 난개발 방지 ⑤ 그린벨트로 존치되는 지역의 철저한 보전 등으로 정리할 수 있다.

---

8   국민행동이 1998년 11월에서 2000년 5월 사이에 낸 각종 문건을 종합한 것이다.

02 해제론

그린벨트 주민들이 주로 주장한 해제론에서는 그린벨트가 있어도 도시의 무분별한 확산이 진행되어 녹지지역의 의미가 퇴색되고 있으며 개발가능지가 고갈되었기 때문에 그린벨트를 해제해서 개발해야 한다고 지적한다. 그린벨트 구역주민은 사단법인 전국개발제한구역주민협회 등을 구성하여 그린벨트 해제를 주장하면서, 지가를 현실화하고, 토지거래 허가구역은 폐지되어야 하며, 보전지역에 대해서도 현시지가로 매입할 것을 요구했다.

2000년 7월 이후 그린벨트가 해제 조정되면서 해제론은 상당히 수렴됐다. 일부에서는 일단 해제되었으니 좀 더 유리한 조건이 도출될 때까지 기다려 보자는 온건론이 등장했다. 그러나 임야만 제외하고 그린벨트는 완전히 해제하여 재산권을 행사해야 한다는 강경론도 상존했다. 그리고 일단 그린벨트 제한만 풀게 한 후 다른 문제는 점진적으로 해결하자는 중간론도 있었다.

03 조정론

조정론자는 그린벨트의 전면 해제까지는 가지 않더라도 현실 여건에 맞추어서 제한을 점차적으로 조정해야 한다고 주장했다. 건설교통부 산하의 개발제한구역제도 개선협의회와 헌법재판소가 조정론에 관한 내용을 전개했다.

1) 건설교통부 개발제한구역제도 개선협의회의 시안

그린벨트 관리에 대해 조정론의 관점에서 낸 의견은 건설교통부 산하의 개발제한구역제도개선협의회가 만든「개발제한구역제도 개선방안」이라는 개선안이다. 1998년 11월 25일 협의회가 발표한 개선시안의 주요 내용은 ① 지정실효성이 적은 도시권의 구역전체 해제 ② 존치되는 도시권내 보전가치가 낮은 지역의 조정 ③ 해제지역의 관리를 철저히 하고 난개발을 방지 ④해제로 인한 이익 환수 ⑤ 존치지역의 관리 ⑥ 존치지역에 대해 지원 ⑦ 부동산투기 억제 등이다.

2) 헌법재판소의 헌법불합치 판결의 함의

1998년 12월 24일 헌법재판소에서는 개발제한구역에 관해 의미 있는 판결을 내렸다. 헌법재판소는 "개발제한구역의 지정이라는 제도 그 자체는 토지재산권에 내재하는 사회적 기속성을 구체화한 것으로서 원칙적으로 합헌적인 규정"이라고 판결했다. 다만 "구역지정으로 말미암아 일부 토지소유자에게 사회적 제약의 범위를 넘는 가혹한 부담이 발생하는 예외적인 경우에도 보상규정을 두지 않는 것은 위헌성이 있다."는 헌법불합치 결정을 선고했다.[9]

예컨대 "개발제한구역 지정 당시의 지목이 대지이고 나대지의 상태로 있었던 토지로서 구역의 지정과 동시에 건물의 신축이 금지되어 실제로 지정

---

9 헌법재판소의 결정요지 주문은 "도시계획법(1971년 1월 19일 법률 제2291호로 제정되어 1972년 12월 30일 법률 제2435호로 개정된 것) 제21조는 헌법에 합치되지 아니한다."로 되어 있다(헌법재판소 결정요지, 1998.12.24).

당시의 지목과 토지의 현황에 따른 용도로조차 사용할 수 없게 된 경우"와, "토지가 종래 농지 등으로 사용되었으나 개발제한구역의 지정이 있은 후에 주변지역의 도시과밀화로 인하여 농지가 오염되거나 수로가 차단되는 등의 사유로 토지를 더 이상 종래의 목적으로 사용하는 것이 불가능하거나 현저히 곤란하게 되어버린 경우"에는 토지재산권에 대한 사회적 제약의 한계를 넘어 해당 토지소유자에게 과도한 부담을 안겨 주는 것이라고 판결했다.

이러한 헌법재판소의 판결은 그린벨트 주민의 재산권을 보상해 주어야 한다는 여론을 수렴한 판결이라는 점에서 원칙적으로 의미 있는 결정이었다. 그린벨트로 인해 혜택을 받는 비(非)그린벨트 주민은 어떠한 형태라도 재산권행사에서 불이익을 당하고 있는 그린벨트 주민에게 고마움을 표시해야 한다는 사회적 보상원칙에도 부합된다.

그린벨트는 헌법정신과 일치한다는 결정도 순리적인 결정이었다. 도시확산을 방지하고 환경을 보호한다는 그린벨트 설치목적이 헌법에 위배되지 않는다는 판결이다. 만일 그린벨트제도가 헌법정신과 일치하지 않는다면 지난 기간 동안 시행되어 온 그린벨트 제도는 위헌이 되어 걷잡을 수 없는 혼란이 야기되었을 것이다.

사례로 열거한 두 가지 경우 가운데 전자의 경우, 즉 '개발제한구역 설치 당시 건축할 수 있는 대지 또는 나대지로 되어 있었는데 개발제한구역을 설정하여 집을 짓지 못한 토지에 대해서는 개발제한구역 설정이전의 지목에 맞게 토지를 사용할 수 있다.'는 판결은 그동안 여러 가지로 논의가 있어왔던 중요한 논쟁사안에 대해 확실한 방향을 제시해 준 판결이라고 해석된다.

그러나 후자의 경우, 즉 '개발제한구역 주변지역의 도시과밀화로 인하여 농지가 농지로서의 기능을 상실한 경우 보상을 해 주어야 한다.'는 판결은 논란의 소지가 있다. 예를 들어 도시과밀화의 개념을 어떻게 정의 내려야 하며, 농지를 훼손한 주체가 공공기관이냐 아니면 민간기관이냐에 따라 책임의 소재가 달라지기 때문에 세심한 실사작업을 요하는 내용이다. 그리고 그린벨트 소유자에 대한 보상은 정확하고 엄정한 실사를 거쳐 피해를 보는 사람이 없도록 신중하게 처리되어야 할 것이다. 자칫 시한을 정해 놓고 서둘러서 일을 처리하다 보면 정작 보상을 받아야 할 사람은 누락되어 불이익이 발생할 수가 있다.

그리고 그린벨트와 유사하게 공공선을 위해 규제를 받는 공적 규제지역과의 형평성도 문제가 된다. 공적규제를 받는 지역은 그린벨트 면적의 세 배에 해당되는 전국토의 15%나 된다. 그린벨트 구역에 대하여 손실보상을 하게 되면 공적규제지역에서도 동일하게 손실보상을 요구하게 될 것이고, 그렇게 되면 소요되는 막대한 재원이 문제가 될 것이다. 형평성과 재원마련의 두 가지 문제는 신중을 기해야 할 문제이다. 구체적인 보상 재원이 마련되지 않을 경우, 그린벨트 제도 자체의 유지가 어려워질 가능성도 있다.

이렇게 볼 때 헌법재판소는 정부와 국민들에게 풀어야 할 과제를 제시했다고 판단된다. 정부는 보상의 방법과 재원을 마련해야 할 과제를 맡았다.

이상의 그린벨트에 관한 보전론과 해제론, 그리고 조정론의 내용을 전면해제, 부분해제, 해제이익 환수, 투기억제정책, 해제지역관리, 보전지역대책 등으로 나누어 요약하면 [표 7.1]과 같이 정리될 수 있다.

표 7.1 그린벨트 제도 개선에 대한 의견 비교

구분	보전론 (국민행동, 환경부)	해제론 (그린벨트주민)	조정론 (협의회, 헌법재판소)
전면 해제	– 도시성과 환경성 등 동일한 기준에 의하지 않은 경우 1998년내 전면해제 반대 – 환경성 평가 이외에 권역별 특성 및 지정목적, 도시발전전망에 대한 도시성 평가 검토 후 구역조정	– 즉각적인 전면해제	– 시가지의 무질서한 확산 우려가 없는 일부 중소도시권 해제 – 인구규모, 개발밀도, 녹지율 등 14개 도시지표 종합평가 – 1998년말 해제대상권역 확정
부분 해제	– 환경평가항목 보완: 인구유입, 교통, 도시팽창 등 도시성 평가지표 추가 – 보완된 도시성 및 환경성 평가를 바탕으로 조정논의 시작 – 집단취락, 기성시가지화 지역, 도로관통으로 인한 분리토지 등 명백하게 불합리한 경계선은 우선적으로 조정	– 전면해제	– 전면해제 제외 권역에 대해 부분해제를 실시 – 표고·경사도·생태 등 12개 환경성 항목을 평가해 해제등급을 결정하여 해제 – 1999년 6월말 해제등급 결정
해제 이익 환수	– 원거주민과 지정 이후 토지 매입자에 대한 차등 적용 – 개발에 따른 해제이익을 환수하여 '그린벨트'를 '생태보전구역'으로 만드는 방안을 모색	– 지가를 현실화한 후 규제를 적용 – 이익환수부당	– 개발부담금은 해제 때 일정비율 설정하여 중과 – 실거래가 기준으로 양도소득세를 중과 – 개발사업자에게 공공시설 설치를 의무화
투기 억제 정책	– 그린벨트를 위시하여 현재 토지거래허가구역으로 되어 있는 지역에 대하여 해제하려는 정책을 반대	– 토지허가구역 폐지	– 모든 그린벨트 구역에 대하여 토지거래허가구역으로 지정 – 모든 그린벨트 구역을 투기우려지역으로 지정

해제 지역 관리	– 해제지역에 대한 지구상 세계획 수립 – 상세계획을 전제로 한 이 용만 허용 – 전국토의 계획적 개발을 위한 선계획 후개발의 개 발허가제를 도입		– 전면해제지역은 도시기본 계획 수립 때까지 형질변 경을 제한 – 부분해제지역의 경우 단 지규모 지역은 친환경적 저밀도지구로 개발
보전 지역 대책	– 토지소유자에게 매수청구 권 부여 – 존치지역 토지에 대해 우 선순위를 정해 그에 따른 보상을 실시 – 환경세 등의 도입을 통한 재원마련 – 개발권양도제 도입 적극 추진 – 서구의 소유권과 개발권 분리정책 연구	– 현시지가로 매 입하여 재산권 보상해야	– 용도지역을 보전녹지, 생산 녹지, 자연녹지로 세분화 – 토지소유자에게 매수청구 권을 부여하여 권익보호 – 세입자 해제지역 신축 임 대주택(아파트) 추천청약 권 부여

제 8 장

친환경적인 도시 관리

근대사회는 두 가지 세기적 혁명에 의해 그 문이 활짝 열렸다. 하나는 산업혁명이고 다른 하나는 프랑스 대혁명이다. 산업화와 민주화로 상징되는 두 사건은 18세기 이후의 근대사회를 그 이전의 전근대사회와 확연하게 구획 지웠다.[1]

1776년 영국의 새번 강가에서 시작된 공장제수공업은 자본을 중시하는 새로운 사회의 선봉 역할을 했다. 종획운동(enclosure movement)으로 생업인 농업에 더 이상 매달릴 수 없게 된 농민들은 도시로 유입되어 저임금의 근로자로 변모했다. 남자들은 일당 근로자로 일했다. 여자와 청소년들은 옛날 자기들이 경작하던 농지에서 공급되는 양털을 손으로 뜯어내어 모직물 원료를 생산하는 일에 내몰렸다. 작업장의 환경은 너무나 열악해 평균수명의 단축현상이 나타났다. 1800년대 중반 영국의 평균수명이 40세 중반인데 반해, 공업도시 맨체스터의 평균수명은 20대 중반에 머물렀다. 그러나 사람들은 계속해서 도시로 몰려 한 나라의 국토공간은 비좁은 도시공간에 넘쳐나는 양상을 연출했다.

1789년 프랑스의 바스티유 감옥을 공격하면서 전개된 앙시앙 레짐(ancien regime) 파괴운동은 미증유의 시민혁명으로 승화됐다. 권력을 가진 소수의 사람들의 거주공간이었던 도시에는 보통시민들이 대거 유입됐다. 그러나 도시는 유입된 사람들을 효율적으로 수용할 수 있는 공간이 되어 있지 못한 형국이었다. 이런 연유로 주택, 교통, 일자리 부족 등의 도시문제가 발생하

---

1 본 내용은 권용우, 2015, "도시 관리와 환경," 권용우 · 박양호 · 유근배 · 황기연 외, 도시와 환경, 박영사, pp. 1-47과 2024년 기준으로 변화된 「친환경적인 도시 관리」 의 여러 논리를 중심으로 재구성한 것이다.

고 주거환경의 열악함은 증대됐다.

산업화와 민주화의 두 바퀴는 사람들을 수레에 태워 '도시'로 실어 나르고 농촌의 활력을 떨어뜨리게 만들었다. 한정된 땅에 사람이 몰리면서 도시는 먹고 살기 위한 각종 활동을 펼치기에 버거운 상황에 이르렀다. 이에 도시를 적정하게 관리해야 할 필요성이 대두됐다. 급기야 '도시의 합리적 관리를 위한 계획적 발상', 곧 도시계획이 등장하게 된 것이다.

20세기 이후에 들어서 도시는 산업과 교역의 중심지, 정치·경제·사회·문화의 핵심지, 이웃 나라 및 세계와의 교류지 역할을 덧붙였다. 이런 과정에서 도시는 지난 세월보다 더 많은 에너지를 소비하고 더 많은 생산활동에 골몰해 환경을 돌볼 여유를 갖지 못했다. 공기는 더러워지고, 물은 탁해지며, 토양은 오염되어 버렸다. 지나친 탄소 배출로 남북극의 빙하가 녹아 해수면이 상승했다. 이상 기후변화로 인해 지구 전체가 몸살을 앓았다. 환경파괴로 인해 동식물의 변종까지 생겨 인류의 앞날을 어둡게 한다는 경고성 메시지도 등장했다.[2] 땅의 수용능력을 훨씬 넘는 과도한 남용으로 땅의 지속가능성은 상실됐다. 환경은 무너져 도시는 물론 지구에서도 살기 어렵다는 미래 예측이 나타나고 있는 형국이 영화화됐다.[3]

바야흐로 환경문제는 21세기에 들어서 도시 관리의 가장 중요한 테제가 되어 버렸다. 도시를 다루는 전문가뿐만 아니라, 도시에 살고 있는 보통 시민들, 그리고 도시와 연계하여 생업을 꾸리는 비(非)도시지역 사람들 모두

---

2 2013년에 개봉된 『월드 워 제트』(브래드 피트 주연)에서는 바이러스에 감염된 인간이 좀비로 바뀌어 인간을 공격한다는 줄거리가 펼쳐진다.

3 2013년에 상영된 영화 『엘리시움』은 지구 환경이 파괴되어 우주공간에 인간들의 이상향을 건설하고 그곳에 가기 위해 인간들이 서로 다툰다는 미래 세계를 그리고 있다.

에게, 환경은 생존과 생활을 위해 더 이상 피할 수 없는 절체절명의 과제가 된 것이다.

이러한 문제의식에 입각하여 여기에서는 다음의 세 가지 논점에 집중해 도시 관리와 환경과의 함의를 고찰해 보기로 한다. 하나는 환경과 도시 관리의 관계 변화다. 둘은 환경개선을 위한 전 지구적 움직임이다. 셋은 대한민국의 도시 관리와 환경개선 노력이다. 이어서 환경과 함께 하는 도시 관리에 대해 논의해 보기로 한다.

제1절

환경과 도시 관리의 관계 변화

01 전문가가 만든 도시

　근대사회의 산업화는 도시를 생산과 교역의 장소로 만들었다. 민주화는 도시를 자유로움을 만끽하는 시민들의 만남의 장소로 변모시켰다. 그러나 좁은 도시지역에 많은 사람이 모여 왕성한 활동을 펼치면서 도시에는 해결해야 할 도시문제가 발생했다. 도시라는 삶의 공간을 계획적으로 디자인해서 사람과 일자리와 하부구조를 효율적으로 배치하는 도시계획이 필요하게 된 것이다. 이러한 상황에 직면하면서 도시 전문가들은 근대도시를 보다 합리적으로 계획하고 건설하여 사람들의 생활수준을 향상시켜 보려는 창조적인 노력을 기울이게 됐다.

　도시계획이란 용어는 산업화로 도시문제가 처음 발생했던 영국에서 시작했다. 영국의 도시개혁운동가 에베네저 하워드의 전원도시에서 도시계획의 원형을 찾을 수 있다. 하워드는 도시생활의 편리함과 전원생활의 신선

함을 함께 누릴 수 있는 이상적인 전원도시를 구상했다.[4]

하워드의 패러다임은 영국의 언원, 파커, 오스본, 프랑스의 세리어, 독일의 메이, 와그너, 미국의 스타인, 헨리 라이트에게 영향을 미쳐 도시에서의 녹지와 오픈 스페이스(open space) 개념을 강조하게 만들었다. 에딘버러대 페트릭 게데스 교수는 지리적 환경, 풍토와 기후학적 사실, 경제순환, 역사적 유산을 중시한 도시계획을 제시했다. 미국인 페리는 1913-1937년까지 뉴욕을 중심으로 활동하면서 근린주구론에 입각한 도시계획이론을 전개했다. 런던대 아버크롬비 교수는 1944년 대 런던계획을 발표하면서 그린벨트를 공식화했다.

프랑스에서는 나폴레옹 3세가 등장하면서 탁월한 도시계획가 오스망(Baron Hausmann)에 의해 파리 개조작업이 전개됐다. 오스망은 1853-1869년의 17년간 파리의 도로를 확장하여 직선화했다. 급수와 배수로, 가로 등 대중교통을 위한 도시공학적 설치를 완성했다. 건축가 에너르는 1910년 자동차시대가 도래할 것을 예견하여 파리의 도로망 재건을 역설했다. 포르투갈의 퐁발은 대지진으로 파괴된 리스본을 새로 건설할 때 파리의 도시계획 모형을 활용했다.

---

4 Howard, E., 1902, *Garden Cities of Tomorrow*, reprinted by The MIT Press in 1965.

스페인의 엔지니어 소리아 이 마타는 1822년 고속도로축을 따라 도시를 발전시킨다는 선형도시론을 주장했다. 그의 선형도시는 스페인의 카디즈에서 러시아의 상트페테르부르크까지 총연장 1800마일에 이르는 지역을 대상으로 한 구상이었다. 실제로 마드리드 외곽의 수 킬로미터에 걸쳐 선형도시를 건설한 바 있다. 프랑스의 토니 가르니에는 1917년 공업을 도시계획의 주제로 한 공업도시론을 펼쳤다. 1920년대에 독일의 도시계획가 메이는 가르니에의 구상에 기초하여 프랑크푸르트 주변지역에 위성도시를 건설했다. 스위스의 건축가 르코르뷔지에는 프랑크 라이트, 그로피우스, 미스 반 데로와 함께 현대 건축운동을 전개했다. 그는 도시구조를 수직 도시와 근대건축, 입체고속도로, 교차로로 재구조화 하고자 시도했다. 그는 노트르담 성당과 같은 개성이 강한 건축물을 만들었다. 1922년 보이잔 계획에서와 같이 도시 중심부를 초고층 건축물로 채우며, 주변은 넓은 공지를 확보하자고 주장했다. 그는 인도의 계획도시 찬디가르를 건설했다. 찬디가르는 인도의 여타 도시와는 확연히 다르게 풍부한 녹지공간을 확보한 '인도판 환경도시'라고 해석할 수 있다.그림 8.1

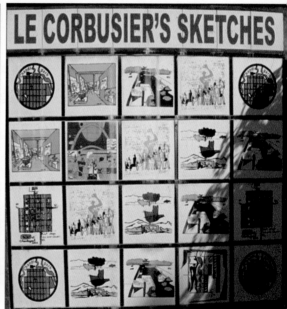

그림 8.1 인도의 환경도시 찬디가르

출처: 위키피디아, 권용우.

미국의 도시계획운동은 1893년 다니엘 번함이 주도한 아름다운 도시 만들기 운동(The City Beautiful Movement)에서 비롯됐다. 번함은 시청사를 건립하고, 공원과 넓은 대로를 건설하며, 통과도로를 만들자고 제안했다. 아름다운 도시를 만들자는 운동은 지구고속도로계획(1896), 건축물의 고도제한과 지역지구제(1899), 가로망의 지도화(1900-1906) 작업으로 이어졌다. 1858년 옴스테드((Frederick Law Olmsted)는 뉴욕의 센트럴 파크를 건설하여 근대 도시공원의 모형을 제시했다.그림 8.2 그는 1791년 랑팡이 설계한 워싱턴계획안을 수정하여 1902년에 새로운 워싱턴 도시계획안을 만들기도 했다.[5]

---

5 대한국토 · 도시계획학회 편저, 2004, 서양도시계획사, 보성각.

그림 8.2 미국 뉴욕의 센트럴 파크

출처: 위키피디아.

대한민국에서 전개된 현대적 도시계획은 약 30년을 간격으로 전개됐다. 준비기(1876-1903), 도로망 위주의 도시계획기(1904-1933), 종합적 도시계획체제 정비기(1934-1961), 독자적 도시계획기반 구축기(1962-) 등으로 나눌 수 있다.[6] 대한민국 도시는 대체로 도시계획학, 건축학, 도시공학, 토목학, 지역개발학, 지리학 등을 전공한 전문가들에 의해 디자인되고 만들어져 오고 있다.

그러나 21세기를 맞이하면서 현대도시에는 종래 전문가 중심의 패러다임과는 전혀 궤를 달리하는 새로운 패러다임이 도시 관리의 전면에 등장했다. 과도한 산업화로 화석연료를 남용하여 환경이 무너지는 현상이 나타났기 때문이다. 전문가가 만든 도시에서 경제적 풍요로움을 구가해야 할 보통시민들은 도시 관리를 그냥 전문가에게만 맡겨 놓을 수 없는 상황에 직면했다. 새로운 도시 관리의 테제를 추구해야 하는 국면을 맞게 되었다. 나아가 환경 문제는 개별 도시나 국가에 국한하지 않고 전 지구 문제로 대두됐다. 도시 관리의 새로운 패러다임을 구축하지 않으면 안되는 상황을 만들었다. 환경문제를 해결하고 보통시민의 역할을 강조하는 도시 관리의 새로운 패러다임이 커다란 회오리바람을 일으키며 도시개선의 움직임으로 대두됐다.

---

6 최병선, 1986, "한국도시계획반세기," 한국도시계획반세기세미나 자료집, 서울대학교 환경대학원.

02 환경문제의 대두와 환경개선운동

산업화와 민주화는 대부분의 경우 도시화와 함께 전개된다. 대체로 산업화는 유럽에서 일어나 미국과 아시아의 일부 국가, 호주와 남미의 일부 국가에서 일정한 성과를 거두었다. 산업화가 전개된 국가에서 상당한 민주화가 함께 이루어진 사례가 많다. 그리고 거의 예외없이 산업화와 민주화가 펼쳐진 지역에서 도시화가 나타났다. 이들 지역은 경제적으로 풍요롭고, 나름대로 자유를 누린다. 그러나 과밀화된 일부 국가의 도시에서는 경제적 풍요로움과 시민적 자유로움이 환경훼손으로 위협을 받고 있다. 이른바 도시환경문제가 도시 관리의 주요한 핵심 주제가 된 것이다.

도시환경문제의 원인은 어떻게 진단할 수 있겠는가? 산업화와 도시화가 진행되는 나라에서는 거의 예외 없이 도시인구가 증가하고, 도시규모가 확대되어, 전 국토가 도시지역으로 변모하는 속성을 보인다. 또한 산업기술이 발달하면서 각종 재해요인이 증가한다. 비도시에 살던 사람들이 도시로 몰리면서 집이 모자라고, 일자리가 부족하며, 차량이 넘쳐나는 도시환경문제가 나타난다.

도시환경문제는 구체적으로 몇 가지 특성을 나타낸다. 도시인구가 증가하고, 도시규모가 확대되면서, 과도한 토지 남용으로 자연생태계와 녹지가 훼손된다. 교통량이 증가하고 산업화로 인한 탄소가스 과다배출로 기후변화를 일으켜 대기가 오염된다. 하천과 하천주변은 치수(治水) 및 이수(利水) 위주로 개발하여 하천의 생태기능이 상당부분 상실된다. 쓰레기, 연소재(燃燒滓), 오니(汚泥), 폐유(廢油), 폐산(廢酸), 폐 알칼리 및 동물의 사체 등의 다량 발생한 폐기물을 무분별하게 저장해 토양오염과 수질악화를 가져온다.

그렇다면 이러한 도시환경의 부정적 현상은 어떻게 대처해야 되겠는가? 20세기를 여는 시점으로부터 도시 관리에 관심을 갖는 전문가나 많은 사람들이 도시 관리와 환경과의 조화를 중시하려는 실천적 움직임을 펼치게 된다. 이러한 실천적 환경개선운동은 구체적으로 전원도시(garden city), 생태도시(eco city), 저탄소 녹색도시(low carbon green city)를 만들어 환경의 질을 높이려는 노력을 경주하면서 오늘에 이른다.

전원도시(garden city)

20세기에 들어서 도시 관리에서 해결해야 할 중심 테제로 환경을 부각시킨 사람은 영국의 도시개혁운동가 에베네저 하워드(Ebenezer Howard)다. 그는 1902년에 재출간한 『내일의 전원도시(Garden Cities of Tomorrow)』에서 전원도시의 이론적 틀을 제시했다. 전원도시의 시가지 패턴, 공공시설, 산업시설은 철저하게 도시민을 위한 하부구조로 설계됐다. 전원도시는 영구 녹지대에 의해 중심도시와 분리시킴으로써 쾌적함을 도시의 중심테마로 설정했다. 전원도시는 오웬의 이상도시론으로부터 영향을 받았다.

하워드는 1903년부터 런던에서 53km 북쪽에 있는 한적한 시골마을 레치워스(Letchworth)에서 동료 언윈(Raymond Unwin), 파커(Barry Parker)와 전원도시 건설에 착수했다. 하워드는 이상론적 실천가이긴 했으나, 현실의 벽이 너무 높아 그는 꿈을 구체화하지 못했다. 레치워스에서 만족할 만한 성과를 내지 못한 하워드는 두 번째 전원도시 건설을 시도했다. 그는 1919년에 런던에서 32km 북쪽에 위치한 웰윈(Welwyn)에서 동료인 루이 드 스와송(Louis de Soissons)과 함께 주식회사 개념을 도입하여 전원도시 웰윈 건설을 도모했다. 웰윈에서의 현실적 어려움도 레치워스와 별반 다르지 않았다. 하워드는 1928년에 웰윈에서 영면했다.

영국은 산업화가 제일 먼저 일어나 산업화에 따른 도시문제를 가장 심각하게 체험한 나라다. 그러기에 환경과 조화를 이루면서 쾌적한 도시에서 살아보자는 하워드 같은 도시개혁운동가가 출현했던 것이다.

1930년대에 이르러 도시전문가, 지식인, 언론인, 공직자 등을 중심으로 '환경과 조화를 이루는 도시 관리'를 목표로 하는 실천운동이 전개됐다. 하워드의 철학과 맥을 같이하는 움직임이었다. 1944년 런던대학교 도시전문가 아버크롬비(Abercrombie) 교수는 대 런던계획(Great London Plan)을 발표하기에 이르렀다. 그는 런던의 중심지로부터 외곽으로 가면서 중심시가지, 교외지역, 그린벨트, 외곽농촌의 4개의 환상대를 설정했다. 그린벨트는 하워드의 절대농지를 토대로 도시환경을 지키는 지대로 계획했다. 대런던계획은 도시 관리에서 환경 개념을 도입한 최초의 공식적 조치였다.

한편 독일에서는 또 다른 도시환경 보전 노력이 전개됐다. 1880년대 독일 프랑크푸르트 시장인 아디케스(Erich Adickes)는 도시 환경에 대한 남다른 혜안을 가지고 토지 환경을 구축했다. 아디케스에 의해 초안이 작성된 후, 1902년 「프랑크푸르트시의 토지구획정리에 관한 법률」로 제정 공포된 이른바 『아디케스법』은 오늘날 토지구획정리사업법의 효시가 됐다. 이 법 이후에 독일은 전 국토를 내용적으로 「써서는 안 되는 땅」과 「허가받아야 쓸 수 있는 땅」으로 구분하여 관리한다. 이것을 토지 관리의 측면에서 보면 독일의 전 국토는 결과론적으로 「개발이 엄격하게 관리되는 환경」에 해당한다고 해석된다. 독일인들의 나무 사랑 의지는 독일의 상당한 지역을 '검푸른 숲(schwarz Wald)'으로 뒤덮이게 하는 결과를 가져왔다. 전 국토가 이러한 환경중시 개선운동에 의해 운영될 수 있는 것은 결코 한 개인의 주장에 의해 이루어질 수는 없다. 그것은 상당수 국민들이 보여주는 환경과 도시의 조화로운 상생 의지를 적절하게 묶어 제도화했기 때문에 가능했다고 판단된다.

결국 환경과 도시의 조화로운 상생의 논리는 그 땅에 사는 보통 시민들의 환경 의지에 달려 있다고 할 수 있다. 산업화와 도시화에 의해 경제적 풍요로움이 이루어지면서 환경은 무너질 수밖에 없는 것이 현실이다. 이때 그것을 피할 수 없는 현상으로 인지하고 문제해결에 관한 정공법으로 환경문제를 정면 돌파하는 시민적 의지가 있을 때 환경보전이 가능하다고 믿어진다.

생태도시(eco city)

전원도시 이후 개발과 환경보전을 조화시키려는 노력은 1975년 미국 버클리에서 움텄다. 리차드 레지스터(Richard Register)와 그의 동료들은 자연과 균형을 이루는 도시를 만들기 위해 어반 에콜로지(Urban Ecology)라는 비영리단체를 만들었다. 어반 에콜로지는 1996년에 이르러 ① 토지이용의 다양성과 보행자 우선의 교통 ② 사회적 약자에 대한 배려가 담긴 도시계획 ③ 생태적 관점에 입각한 도시녹화 등 「생태도시 만들기 원칙」을 제시했다.

생태도시에서는 도시를 하나의 유기체로 전제한다. 도시의 다양한 활동이나 구조가 자연생태계가 지니고 있는 속성인 다양성·자립성·순환성·안정성 등에 가깝도록 계획하고 설계한다. 인간과 환경이 공존할 수 있는 지속가능한 도시를 만든 것이 생태도시의 논리다. 생태도시는 녹지와 수계를 쾌적하게 하여 다양한 생물이 서식하는 환경을 중시한다. 생태도시는 수질·대기·폐기물 처리에서 무공해에너지 사용을 지향한다. 생태도시는 시민의 편의를 고려하면서 교통과 인구계획이 확립된 지속가능한 발전을 추구한다.[7]

생태도시 패러다임은 1970년대에는 생물다양성을 중시했다. 1980년대에는 경관과 네트워크를 강조했다. 1990년대에는 지속가능한 개발을 토대로 자연 순환型 생태도시를 역설했다. 2000년대 이후에는 기후 온난화에 따른 열섬 방지, 수(水) 순환고리보전 등 기후생태 중심의 계획 개념으로 발전하고 있다.

생태도시를 만드는 계획방향으로는 ① 생태적 토지이용과 교통 및 정보통신망 구축, ② 자연과의 공생을 위한 풍부한 생태녹지 환경 조성, ③ 맑고 깨끗한 환경조성을 위한 물과 바람의 적절한 활용, ④ 자연보존과 순환을 지향하는 자연에너지 활용, ⑤ 깨끗한 환경을 유지하기 위한 적극적 폐기물 관리, ⑥ 쾌적한 경관창출과 어메니티 문화시설 조성 등이 제시되고 있다.

한편 1980년대 후반 이후 생태도시(eco-city)와는 궤를 달리하면서도, 인간과 환경을 중시하는 다양한 도시 관리 내지 도시 계획의 논리가 등장했다. 그 가운데 몇 가지를 고찰해 보기로 한다.

첫째는 압축도시(compact city)다. 단지크(Dantzig)와 사티(Saaty)는 그들의 저서 『컴팩트 시티(Compact City)』(1973-1974)에서 컴팩트 시티란 용어를 처음 사용

---

7 변병설, 2005, "지속가능한 생태도시계획," 지리학연구, 39(4): 491-500, 국토지리학회.

했다. 이들은 직경 2.66㎢의 8층 건물에 인구 250,000명을 수용하면 이동거리도 짧고 에너지 소비도 최소화할 수 있다는 가상의 도시를 설정했다. 교통과 도시 밀도와의 관계 이론에 기초하여 도시 토지이용의 고밀화, 집중화된 도시 활동 등을 통해 가장 효율적인 도시 형태를 제안한 것이다. 컴팩트 시티는 1970년대 석유파동 이후 환경과 에너지 활용을 고려한 도시계획 이론으로 발전했다. 유럽과 일본 등에서는 기존 도심지역이나 역세권 지역에 주거 · 상업 · 업무 기능을 복합해 고밀도로 개발함으로써 보다 많은 사람들이 그 지역으로 집중하게 하는 도시 관리 방법을 택했다.

둘째는 어반 빌리지(urban village)다. 1989년 영국의 찰스 황태자는 『영국 건축비평서(The Vision of Britain: A Personal View of Architecture)』에서 '지속가능한 도시건축을 위해서는 관련 전문가들의 반성과 변화, 그리고 실천이 필요하다.'고 역설했다. 찰스 황태자의 주장에 공감하는 건축가, 도시계획가, 주택 개발업자, 교육가들이 1989년 「어반 빌리지 협회」를 조직하고 어반 빌리지의 개념과 계획원리를 구체화시켰다. 어반 빌리지는 ① 휴먼 스케일의 친근한 전원풍경 창출 ② 건물들의 적절한 크기와 위치 ③ 인간적인 스케일 ④ 녹지와의 조화 ⑤ 담장이 있는 정원과 공공광장 ⑤ 친근한 지역재료의 사용 ⑥ 전통적이고 풍부한 디자인 ⑦ 예술적 감각이 있는 건물 ⑧ 간판과 조명은 경관과 조화되도록 디자인 ⑨ 주민 참여적이고 인간 친화적인 환경 등 열 가지를 계획의 10대 원칙으로 설정했다. 이러한 10대 원칙을 살려 건설한 영국의 파운드베리(Poundbury)는 어반 빌리지의 대표적 사례다. 예를 들어 자동차가 속도를 내지 못하게 도로가 이리저리 어긋나게 만들어져 있다. 찰스 황태자가 계획단계부터 수시로 방문하여 마을의 진행정도를 살핀

일화는 유명하다.

셋째는 뉴 어바니즘(new urbanism)이다. 1980년대 미국과 캐나다를 중심으로 도시의 무분별한 확산으로 파생되는 도시재해에 대한 논리적 반대운동이 전개됐다. 기동성이 증대되면서 사람들이 도시주변지역으로 이주했다. 이에 따른 교통량의 증가, 보행환경 저하, 생태계 훼손, 공동체 의식 약화, 인종과 소득계층의 격리현상이 야기됐다. 1980년대 후반부터 건축가와 도시 계획가들이 이러한 도시문제를 해결하려는 움직임을 전개했다. 이들은 자동차 중심의 전형적인 교외 주거단지 조성에 반대했다. 이들은 교외화 현상이 일어나기 전의 도시 양상, 곧 사람의 냄새가 나는 휴먼스케일의 전통적 근린주구 중심의 도시패턴으로 돌아가자고 주장했다. 뉴 어바니즘 운동을 추구하거나 원칙과 논리를 주장하는 사람들은 전통근린개발(Traditional Neighbourhood Development), 대중교통중심개발(Transit Oriented Development), 복합용도개발(Mixed Use Development) 등을 실천하려 했다. 뉴 어바니즘은 주거, 상업과 업무시설, 공원, 공공시설 등이 대중교통 역으로부터 보행거리 내에 위치하는 압축적이고 집약적인 개발을 도모했다. 또한 가려고 하는 곳에 이르는 친근한 보행체계를 만들고, 도시의 다양성을 추구하는 도시 밀도와 주거형태를 선호했다. 생태계와 오픈 스페이스를 보전하고, 지역주민의 활동과 건물방향을 고려한 공공장소를 배치했다. 미국 플로리다의 시사이드(Seaside)와 켄틀랜즈(Kentlands) 지역은 전통근린개발 개념에 의해 만들어진 사례다.

넷째는 스마트 성장(smart growth)이다. 미국에서는 1960년대와 1990년대 사이에 도시의 무계획적인 확산과 도시화가 도시온난화에 큰 영향을 주었다. 또한 난개발에 의해 생태계와 산림이 여지없이 파괴됐다. 이러한 도시의 무질서한 확산과 개발에 의한 문제를 치유해 보려는 시도가 스마트 성장으로 발전했다. 스마트 성장은 '매우 신중한 성장을 의미하며, 환경과 커뮤니티에 대한 낭비와 피해를 방지하는 방법을 고려하는 경제적 성장'으로 정의된다. 1990년대부터 미국에서 시작된 스마트성장 운동은 지속가능한 발전을 목표로 한다. 지방정부 차원에서 운용되던 성장관리 프로그램을 확대하고 보다 구체적인 실천수단을 제시함으로써 민간부분을 비롯한 다양한 주체의 개발행위가 지속가능한 발전이념을 실현할 수 있도록 유도하고 있다. 또한 도시와 교외지역의 성장을 재정립하는 노력으로 도시민의 공동체의식을 끌어올리고 도시경제를 강화한다. 자연환경을 보호하기 위해 도시 확산을 부추기는 정책을 줄인다. 스마트 성장의 도시개발에는 효율적 주택공급, 에너지 절약, 공공교통 편의, 토지이용 효율화, 자원재활용, 공원증가, 양질의 공공 교육 보급, 도시 재개발, 자연자원보존, 자동차 의존도 경감, 걸을 수 있는 지역공동체 장려 등의 정책이 있다.

다섯째는 슬로시티(slow city)다.[8] 1986년 이탈리아 북부 작은 도시 브라(Bra)에서 슬로푸드 운동(slow food)이 시작됐다. 1989년 프랑스 파리에서 슬로푸드국제연맹이 결성됐다. 1998년 슬로시티국제연맹이 만들어졌다. 1999년 슬로시티 선언문이 채택됐다. 슬로시티는 대량생산 · 규격화 · 산업화 · 기계화를 통한 패스트푸드(fast food)를 지양했다. 그 대신 국가별 · 지역별 특성에 맞는 전통적이고 다양한 음식 · 식생활 문화를 계승 · 발전시키려는 슬로푸드 운동이 도시 전체의 문화를 바꾸자는 운동으로 확대된 개념이다. 슬

---

8 박경문 외, 2008, "국내 슬로시티 발전방안 연구," 지리학연구 42(2), 국토지리학회.

로시티는 여유로움 속에 변화를 추구하면서 삶의 질을 향상시키기 위한 운동이다. 과거의 장점을 발견하여 현재와 미래의 발전에 반영하고자 하는 도시문화 운동이다. 슬로시티는 도시구조의 특성을 유지·발전시킨다. 도시의 현대화를 위한 개발이나 재개발 보다는 지역의 전통과 문화 특성을 고려한 재생을 중요시한다. 따라서 지역 내 전통적이고 친환경적인 방식의 특산품 생산과 소비를 장려한다. 지역에 살고 있는 장인들의 생산방식과 생산품을 존중하여 명맥을 유지할 수 있는 방안을 모색하는 것이 특징이다. 또한 슬로시티는 슬로시티로서 갖는 전통적인 지역성과 정체성에 따른 여유로운 생활 속에서 일상생활의 편안함과 안락함을 제공한다. 지역의 커뮤니티가 슬로시티로서의 의식고양과 자부심을 갖도록 하는 것을 중시한다. 대한민국 신안군 증도면, 장흥군 유치면, 완도군 청산면, 담양군 창평면이 슬로시티국제연맹으로부터 인증을 받은 슬로시티다.

저탄소 녹색도시(low carbon green city)

저탄소 녹색도시는 2000년대에 이르러 온실가스배출로 지구온난화가 진행되면서 인류생존의 위협이 현실로 다가오면서 본격적으로 대두된 개념이다.

2007년 발표된 IPCC[9] 4차 평가보고서는 1906-2005년의 100년간 전 세계 평균기온은 0.74℃ 상승했으나, 1970년대 중반부터 상승속도가 증가하여 21세기 말인 2100년에는 지구 평균기온이 1.1-6.4℃ 상승할 것이라고

---

9 기후변화에 관한 정부 간 협의체(Intergovernmental Panel on Climate Change).

경고했다. 지구의 평균기온이 계속 상승하면 땅이나 바다에 있는 각종 기체가 대기 중으로 많이 흘러들어가 온난화를 더욱 빠르게 진행시킨다. 지구온난화로 빙하가 녹고 해수면이 상승하면 대기 중의 수중기량은 더욱 증가하여 홍수와 폭설, 가뭄과 폭염, 태풍과 허리케인 등 자연재해가 심해지고 생태계에 큰 변화가 일어난다. 만약 기온이 2℃만 상승해도 생물종의 20-30%가 멸종할 것으로 예측하고 있다.

기후변화에 영향을 주는 온실가스는 이산화탄소(CO_2)·메탄(CH_4)·아산화질소(N_2O)·수소불화탄소(HFCs)·과불화탄소(PFCs)·육불화황(SF_6) 등 모두 여섯 종류다. 이 가운데 이산화탄소가 전체 온실가스 배출량의 80% 이상을 차지한다. 다음으로 메탄가스가 15-20% 정도 차지한다. 이산화탄소는 나무·석탄·석유와 같은 화석연료를 태울 때 탄소가 공기 중의 산소와 결합하여 생긴다. 자연계에서 이산화탄소는 식물이 광합성작용을 할 때 사용되고 바다에 흡수되고 남은 양은 대기 중에 쌓이게 된다. 그러므로 녹지를 보존하여 이산화탄소를 흡수토록 해야 한다.[10]

저탄소 녹색도시는 '발생되는 탄소를 저감시키고 발생된 탄소를 최대한 흡수하려는 도시'를 말한다. 저탄소란 화석연료에 대한 의존도를 낮추고, 청정에너지를 사용하며, 녹색기술의 적용 및 탄소 흡수원 확충 등을 통하여 온실가스를 적정수준 이하로 줄이는 것을 뜻한다. 녹색도시에서는 압축형 도시공간구조, 복합토지이용, 대중교통 중심의 교통체계, 신재생에너지 사용, 물과 자원의 순환구조 활성화를 통해 온실가스 배출을 최소화하려 한

---

10 변병설, 2012, "도시환경과 녹색도시," 권용우 외, 도시의 이해, 4판, 박영사, pp. 47-79.

다.[11] 저탄소 녹색도시는 화석연료에 대한 의존도를 낮추고, 청정에너지를 사용하며, 탄소 흡수원 확충을 통해 온실가스를 적정수준 이하로 낮추려는 도시다. 녹색성장이란 에너지와 자원을 효율적으로 사용하여 기후변화 문제와 환경훼손을 줄이면서 녹색기술의 연구개발을 통하여 신성장 동력을 확보하고 새로운 일자리를 창출해 나가는 성장방식을 의미한다.[12]

해외 저탄소 녹색도시로는 스웨덴 함마르뷔(Hammarby) 아랍에미리트의 마스다르(Masdar), 캐나다의 닥사이드 그린(Darkside Green), 덴마크의 티스테드(Thisted), 영국의 베드제드(BedZED) 등이 있다.

이 가운데 베드제드는 '베딩톤 제로 에너지 개발(Beddington Zero-fossil Energy Development)'의 약자로 과거 폐기물 매립지에 지은 주거단지다. 사회적 기업인 바이오리저널 디벨로프먼트 그룹과 친환경 건축사무소인 빌 던스턴 건축사무소가 공동으로 2000년 착공해 2002년에 완공했다. 탄소발생을 줄이기 위해 직장과 주거가 근거리에 있는 직주근접 방식으로 16,500㎡의 단지 내에 일반가정 100가구와 10개의 사무실이 있다. 베드제드는 패시브 하우스(passive house) 도입으로 에너지 손실이 최소화하고, 화석에너지를 사용하지 않아 탄소배출을 제로화하며, 탄소배출의 주범인 자동차 사용을 줄이기 위해 태양에너지를 이용해 만들어진 전기로 충전한 전기자동차를 이용한다. 그리고 주민들 사이에 잘 형성된 공동체를 통하여 지속가능한 사회를 지향하고 있다.그림 8.3

---

11 2009년 국토해양부는 저탄소 녹색도시 조성을 위한 도시계획 수립지침을 제시해 저 탄소 녹색도시 건설을 위한 실천적 의지를 표명했다(국토해양부, 2009, 저탄소 녹색도시조성을 위한 도시계획수립 지침. 제1장 제4절).

12 국토해양부 훈령(2009. 8. 24), 저탄소 녹색도시 조성을 위한 도시계획수립 지침.

그림 8.3 영국 런던의 베드제드 주택단지

출처: 위키피디아.

    독일의 프라이부르크(Freiburg)와 슈트트가르트(Stuttgart)는 태양광과 바람길을 활용하여 환경도시로서의 위상을 보여준다.

    프라이부르크는 1970년대 초 방폐장 설치반대 운동을 계기로 태양광을 활용한 에너지 활용방안을 수립했다. 새로 건물을 짓거나 기존의 건물을 개축할 경우 가급적 태양광을 많이 받을 수 있도록 유리를 사용했다. 프라이부르크 군(軍)주둔지를 재개발한 보봉(Vauban) 지구는 시민들의 합의를 기초로 다수의 태양열 주택을 건축했다. 보봉 주택지구 건설에 참여한 디쉬(Rolf Disch)는 아예 365일 태양광을 받을 수 있도록 회전축이 있는 집 헬리오트로프(heliotrop)을 지어 산다. 기존의 나무 등 식생을 그대로 살리는 녹색 생태 주거단지를 꾸몄다.그림 8.4

그림 8.4 독일 프라이부르크의 태양열 주택 헬리오트로프

출처: 위키피디아, 권용우.

슈트트가르트는 1800년 중반부터 자동차 생산을 해 온 전형적인 공업도시다. 벤츠 자동차의 본거지다. 각 공장에서 나오는 매연을 처리하여 시민의 환경을 지키는 일은 슈트트가르트의 주요 시정목표다. 슈트트가르트는 내륙 한복판에 위치해 해안가나 강가의 도시들처럼 자연적인 대기 순환에 의한 매연방출의 방법이 없다. 이에 바람길(wind corridor)을 활용해 대기의 순환통로에는 가급적 공장이나 건물을 세우지 않고 바람이 통하도록 하는 바람길 정책을 택했다.그림 8.5 아예 바람길국(局)을 설치해 이 문제를 전담하도록 한다. 로이터 박사(Räuter)가 초기부터 바람길 통로 정책을 수행해 세계적인 도시환경정책의 수범으로 정립했다.

The Green U (connecting Schlossplatz with Killesberg)

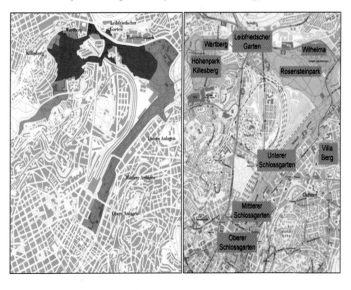

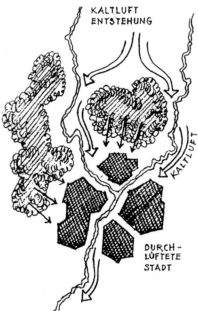

그림 8.5 독일 슈트트가르트의 그린 U 지대와 바람길

출처: Dr. Räuter, 권용우.

제2절
환경개선을 위한 전 지구적 움직임

01 '지속가능한 도시' 개념의 전개

'지속가능한 개발'이란 용어는 1972년 스웨덴 스톡홀름에서 열린 유엔 인간환경회의에서 바바라 워드 여사가 처음 사용했다. 1974년 멕시코에서 개최된 한 유엔회의에서 채택된 코코욕 선언에서 '지속가능한 개발'이란 용어가 공식적으로 사용됐다. 1980년 유엔이 작성한 세계환경보전전략에서 '지속가능한 개발'이 주요 목표로 자리 잡았다. 1987년에 환경과 개발위원회가 펴낸 보고서를 통해 이 개념이 전 세계적으로 널리 알려지게 됐다. 특히 1992년 리우환경회의의 주요의제가 '지속가능한 개발'이 되면서 이 개념은 세계인의 일상용어가 됐다. 1994년 영국에서 열린 한 지방포럼의 주제를 '도시와 지속가능한 개발'로 정함으로써 '지속가능'의 개념은 지구적 차원에서뿐만 아니라 지방적 차원에서의 구체적 행동계획을 논의하는 단계에까지 이르렀다. 현재 세계각국의 도시정부는 '지속가능한 개발'을 도시

차원에서 실현하기 위해 행동계획을 만들고 있다.

1972년 이후 정립된 지속가능한 개발(sustainable development)이란 의미는 '현재에 꼭 필요한 만큼만 개발하고 후세를 위해 상당 부분은 남겨두자' 는 개념이다. 이 개념은 궁극적으로 환경과 조화된 지속가능한 개발(ESSD, environmentally sound and sustainable development)을 지향한다.

지속가능한 도시의 유사 개념은 다양하다. 환경문제에 대한 인식과 이에 대응하는 지속가능한 환경 친화적 도시를 향한 노력은 1902년 하워드의 전원도시로부터 출발했다고 할 수 있다. 전원도시 이후 아테네 헌장을 위시한 여러 환경보전의 선언 움직임과 지속가능한 개발을 비롯한 전 지구적 움직임이 펼쳐졌다고 진단된다. 위에서 살펴 본 1980년대 후반 이후의 압축도시, 어반 빌리지, 뉴 어바니즘, 스마트성장 등의 패러다임 또한 지속가능한 도시의 연속선상에 있는 유사 개념으로 해석된다. 그리고 녹색도시 헌장 및 계획이론과 더불어 생태마을(eco-village)과 슬로시티와 같은 녹색 삶을 지향하는 철학과 사상이나, 온실가스 규제와 탄소 저감에 적극적으로 부응하는 저탄소 녹색도시로의 변화도 궁극적으로는 지속가능한 도시를 지향한다고 평가된다.

오늘날의 도시에서 나타나는 공통적인 개념에는 지속가능하고, 친환경적이며, 인간 중심적인 도시를 추구해야 한다는 도시 관리의 철학이 내재되어 있다고 할 수 있다. 지속가능하고 친환경적인 도시는 자동차가 중심이 아닌 인간 중심의 도시 스케일, 에너지와 자원의 저감, 지역 커뮤니티의 활성화, 지역의 전통·문화자원을 활용한 어메니티 활성화 등을 목표로 한다.

02 유엔과 국제기구의 환경 활동

20세기 이후 환경문제는 단순히 개별도시에서 해결할 수 없는 국면에 이르면서, 환경보전을 위한 전 지구적 움직임이 활발하다.

「환경과 도시 관리와 조화를 이루어 보자」는 움직임은 전 세계적 전문가들이 모여 선언 형태로 활발히 전개됐다. 아테네 헌장(1933), 마추픽추 헌장(1977), 메가리드 헌장(1994), 뉴 어바니즘 헌장(1996), 서울 창조도시 선언(2013)[13] 등에서는 도시 관리의 여러 이론과 이를 도시 관리에 실제 적용하려는 과정에서 환경의 중요성을 강조하려는 선언적 명문들이 채택됐다.

전 지구적 의사결집체인 유엔의 환경보전운동은 환경보전을 위한 전 지구적 움직임의 진수를 보여준다. 유엔은 20세기를 맞이하여 인류가 당면한 가장 중요한 문제를 환경문제로 전제했다. 지난 반세기 동안 경제발전만을 추구하던 오류에서 벗어나, 경제발전과 환경보전을 동시에 추구하려면 지속가능한 발전을 해야 한다고 천명했다.

지속가능한 발전은 스톡홀름의 국제연합인간환경회의(UNCHE, 1972), 브라질 리우에서의 환경 및 개발에 관한 국제연합회의(UNCED, 1992), 요하네스버그의 지속가능발전 세계정상회의(WSSD, 2002) 등의 국제정상회의를 통해 국제사회 전반에 걸쳐 새로운 패러다임으로 자리 잡았다.

1972년 6월 스웨덴 스톡홀름에서 열린 국제연합인간환경회의(UNCHE, United Nations Conference on the Human Environment)는 '오직 하나뿐인 지구(Only One

---

13 김석철, 안건혁, 권용우, 김경환, 장대환, 2013.3.21, 서울 21세기 창조도시 선언, 매일경제.

Earth)'를 슬로건으로 내건 국제 환경회의로 '지구환경보전'을 처음으로 세계 공동과제로 채택한 중요한 회의다. 이후 1992년 브라질 리우데자네이루에서 개최된 리우회의(UNCED, United Nations Conference on Environment and Development)를 통해 선언적 의미의 '리우 선언'과 '의제 21(Agenda 21)', 지구온난화 방지를 위한 '기후변화협약', 종의 보전을 위한 '생물학적·다양성 보전조약' 등의 지구환경보전 문제를 광범위하게 논의했다.[14] 또한 2002년 요하네스버그에서 열린 지속가능발전 세계정상회의(WSSD, World Summit on Sustainable Development)에서는 리우 회의 이후 10년간의 노력을 평가하고, 환경·빈곤 등 6대 의제별 이행계획을 발표하여 환경과 도시 관리의 조화를 본격화 했다.

최근에 이르러서는 기후변화로 인한 다양한 문제발생의 원인인 '온실가스'의 저감 방안을 마련하자는 관심사에 집중하고 있다. 1992년 리우 회의에서의 기후변화협약 채택을 시작으로, 1997년 교토의정서 채택, 2007년 발리로드맵 채택, 2009년 코펜하겐 협정, 2015년 파리 협정 등의 국제회의를 통해서 저탄소 시대로의 변화를 추구해야 한다고 역설하고 있다.

기후변화협약(UNFCCC, United Nations Framework Convention on Climate Change)은 지구온난화 방지를 위해 프레온가스를 제외한 모든 온실가스의 인위적 방출을 규제하기 위한 것으로, 1992년 6월 브라질 리우 회의에서 협약서가 채택 공개되었다. 교토의정서(Kyoto Protocol)는 지구온난화 규제와 방지를 위해 1997년 12월 일본 교토에서 개최된 기후변화협약 제3차 당사국 총회(COP3)

---

14 1992년 리우 회의는 178개국 정부대표 8,000여 명과 167개국의 7,892개 민간단체 대표 1만여 명, 취재기자 6,000여 명, 대통령 및 수상 등 국가정상급 인사 115명 등이 참석한 사상 최대 규모의 국제회의였다.

에서 채택됐다. 여기에는 선진국의 온실가스 감축 내용을 담고 있다. 이후 2007년 발리로드맵(Bali Roadmap)에서는 선진국을 비롯한 개발도상국 모두를 온실가스 감축 의무대상에 포함시켰다. 2009년에는 2005년 2월 공식 발효된 교토의정서를 대체할 새로운 구속력 있는 기후협약을 목표로 덴마크 코펜하겐에서 제15차 당사국 총회가 개최되었다.그림 8.6

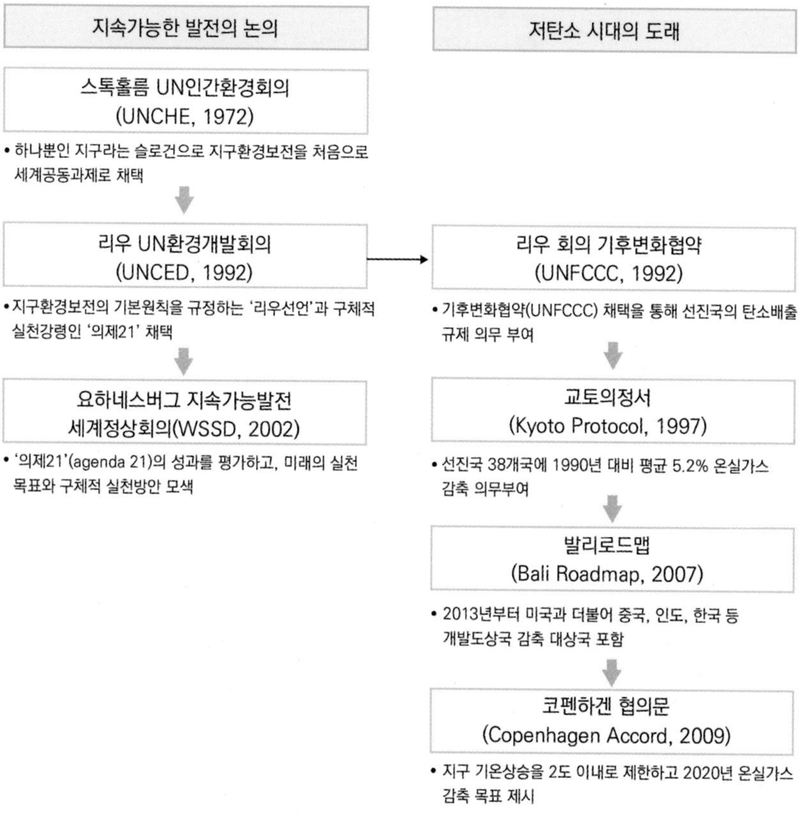

그림 8.6 국제 환경 패러다임의 변화

출처: 권용우, 외, 2012, 도시의 이해, 4판, 박영사, 그림 13-2, p. 505.

그림 8.7 유엔기후변화협약에 따른 파리협정 2015

출처: 위키피디아.

파리 협정(Paris Agreement) 또는 파리기후협약(Paris Climate Accords)은 2015년 파리에서 195개국이 채택한 기후 변화에 관한 국제 조약이다. 이 조약은 기후 변화 완화, 적응, 재정을 다루고 있다. 파리협정은 2020년 교토의정서가 만료된 후, 2021년 1월부터 교토의정서를 대체하는 새로운 기후변화협정이다. 2015년 12월 12일 파리에서 열린 21차 유엔기후변화협약 당사국총회(COP21) 본회의에서 채택됐다. 협정은 2016년 11월 4일부터 국제법으로서 효력이 발효됐다. 파리협정은 종료 시점이 없다.

2023년 2월 기준으로 유엔기후변화협약(UNFCCC) 회원국 195개국이 협약 당사국이다. 온실가스 배출량의 98% 이상을 차지하는 EU와 194개 국가가 이 협약을 비준하거나 동의했다. 미국은 2020년 협정에서 탈퇴했다가 2021년 재가입했다. 비준하지 않은 국가는 중동의 일부 온실가스 배출국이다. 이란은 비준하지 않았다. 이란은 세계 전체 온실 가스의 2%를 배출하는 국가다. 리비아와 예멘도 이 협정에 비준하지 않았다. 에리트레아는 2023년 2월 7일에 협정에 비준한 가장 최근의 국가다.

그림 8.8 2015년 파리 유엔기후변화회의 대표단

출처: 위키피디아.

파리 협정은 지구의 평균 온도가 산업화 이전에 비해 2℃(3.6°F) 이상 상승하지 않도록 유지하려는 목표를 설정했다. 조약에는 증가 한도를 1.5℃(2.7°F)로 제한하는 것이 바람직하다고 명시했다. 최종적인 목표는 모든 국가들이 이산화탄소 순 배출량이 0이 되는 것이다. 이 온도 목표를 달성하려면 온실가스 배출을 최대한 빨리 가장 크게 줄여야 한다. 지구 온난화를 1.5℃ 미만으로 유지하려면 2030년까지 배출량을 약 50% 줄여야 한다.

2015년 유엔 사무총장이었던 대한민국 출신 반기문 사무총장이 주관한 파리유엔기후변화회의에서 파리 협정이 타결됐다. 회의 주최국인 프랑스는 '야심차고 균형잡힌 이 계획은 지구 온난화에 있어서 역사적 전환점'이라고 평가했다. 대한민국은 2016년 12월 3일 파리협정을 발효시켰다.[15]

---

15 https://en.wikipedia.org/wiki/Paris_Agreement
    https://unfccc.int/process-and-meetings/the-paris-agreement
    https://www.un.org/en/climatechange/paris-agreement
    https://namu.wiki/w/%ED%8C%8C%EB%A6%AC%ED%98%91%EC%A0%95

03 제2차 세계도시 정상회의

'현대도시가 그곳에 사는 시민이 중심이 되어야 하고 또 시민이 함께 도시를 만들어 나가야 한다.'는 명제는 터키의 이스탄불에서 개최된 도시정상회의(The Urban Summit Conference 또는 HABITAT II)에서 적절히 다루어졌다.

1996년 6월 이스탄불에서는 세계 180여 개국 20,000여 명의 도시전문가들이 참석한 도시정상회의가 열렸다. 유엔이 주최한 이스탄불 도시정상회의는 리우환경회의(1992년), 코펜하겐 사회개발정상회의(1995년), 북경 세계여성회의(1995년) 등에 이어지는 20세기 마지막 범지구적 국제회의였다.

도시정상회의는 인간 주거의 사회적, 경제적, 환경적 질을 향상시키고자 하는 국제적 노력의 일환이었다. 도시정상회의는 ① 모든 사람에게 안정적인 주거를 제공하고, ② 도시화되어 가는 세계 속에서 지속가능한 개발을 위해 지구적 차원의 논의와 행동강령을 채택하자는 두 가지 목표에서 출발했다. 1976년 캐나다의 밴쿠버에서 1차 회의가 열렸고, 20년 만인 1996년에 이스탄불에서 2차 회의를 개최했다.

'지속가능한 도시개발'은 급속한 도시화로 열악해져 가는 주거환경을 보장하는 배경적 패러다임이 됐다. 그것은 구체적으로 도시의 지속적 발전 속에서 도시민들에게 인간적인 주거권과 삶의 질을 보장해 주는 것이어야 한다는 의미를 지닌다.[16]

---

https://ko.wikipedia.org/wiki/%ED%8C%8C%EB%A6%AC_%ED%98%91%EC%A0%95_(2015%EB%85%84)

16 권용우, 1996.7.15, "지구촌에 울려 퍼진 지속가능한 도시개발과 주거권보장 선언," 교수신문.

이스탄불 도시정상회의는 도시 관리와 주거 환경개선을 위한 노력의 측면에서 세 가지 의미를 부여했다. 첫째로 도시정상회의는 도시개혁운동의 논거를 제공했다. 도시정상회의는 지난 반세기 동안 파행적으로 진행되어 온 도시화과정에 대한 비판적 성찰에서 출발했다. 지속가능한 인간정주를 위해서는 현재의 도시를 보다 건강하고 살맛나는 도시로 만들어야 한다는 점을 분명히 하고 있다. 도시정상회의는 평등, 빈곤퇴치, 지속가능한 개발, 적정주거환경, 가족, 시민참여, 정부와 비정부기구를 포함한 모든 기구와의 동반자 관계, 연대, 국제적 협력 등의 아홉 가지를 범지구적 실천계획 원칙과 목적으로 천명했다. 이것은 '지속가능한 개발,' '시민들의 권리향상,' '건강한 사회발전' 등의 패러다임이 반드시 해결하지 않으면 안 되는 금세기의 중심적인 도시패러다임을 밝힌 것이다. 특히 대한민국의 경우 도시정상회의 참석 이후 도시 관리와 환경문제를 결부시켜 도시를 개선해 보려는 도시개선운동이 등장했다.[17] 대한민국 도시개선운동에서는 개발 위주의 도시건설로 도시환경이 무너져 버린다면 머지않아 대부분의 도시가 난개발에 따른 폐해로 걷잡을 수 없게 될 것이라는 점을 강조했다. 도시개선운동에서는 우리의 도시가 지속가능하고, 친환경적이며, 시민이 중심이 되는 건강한 도시이어야 한다는 점을 천명했다.

---

17 우리나라에서 처음으로 도시문제를 시민운동으로 인식하여 도시운동을 시작한 것은 1997년 6월에 창립한 경실련 도시개혁센터다. 한국의 도시환경운동단체 가운데 경실련 도시개혁센터, 환경정의, 환경운동연합 등의 단체들이 도시 관리와 환경문제를 본격적으로 다루고 있다. 권용우는 1996-2003년 기간 동안 도시개혁센터 운영위원장/대표로 활동했다.

둘째로 국제무대에서 민간기구가 정부기구와 동반자 관계를 이루며 공동의 목표를 위해 노력했다는 점이 돋보였다. 이스탄불 회의는 세계적 도시 문제에 대한 논의를 정부기구에 맡겨왔던 종전의 유엔회의들과는 상이한 모습을 보였다. 도시민의 삶의 질 향상을 위해 진력해 오던 시민단체(Non Governmental Organization, NGO)와 주민단체(Community-Based Organization, CBO) 등 비정부기구 대표들이 정부대표와 함께 회의에 참여했다. 유엔은 비정부기구와 지방자치단체 대표들이 선언 및 의제 등을 심사하는 위원회에 정식으로 참석하여 그들의 의견을 충분히 반영할 수 있도록 조처했다. 이것은 급속한 도시화로 열악해진 주거환경을 정부 혼자서는 해결할 수 없다는 발상의 전환이었다. 구체적인 도시의 삶의 문제는 그 도시에 살고 있는 보통사람들의 대표가 참여하여 함께 해결해야 한다는 원칙을 국제적으로 선언한 것이었다.[18] 그림 8.9

---

18 대한민국은 정부, 지방자치단체, 시민단체, 주민단체 등에서 150여 명에 이르는 대표단을 파견하였다. 이것은 규모 면에서 미국 다음으로 큰 대규모였다. 대한민국의 경우 하성규 교수, 박종렬 목사, 박문수 교수 등을 중심으로 일찍부터 '세계주거회의를 위한 민간위원회'를 만들어 대비해 왔던 점이 비정부기구의 활성화에 큰 버팀목이 됐다. 이스탄불대회에 경제정의실천시민연합의 임원진들이 다수 참여했다. 권용우는 경제정의실천시민연합 정책위원회 부위원장 자격으로 참석했다.

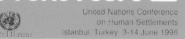

그림 8.9 튀르키예 이스탄불 HABITAT II 대한민국 NGO 활동
출처: 위키피디아, 권용우.

셋째로 주거권 보장의 선언이었다. 이스탄불 회의에서 '모든 사람들을 위해 안전하고 건강한 주거를 보장할 것을 지지한다.'는 「이스탄불 선언」이 참가국 전체의 만장일치로 채택됐다. 그리고 주거를 보장할 수 있는 권리를 세계인권선언 등 국제인권조약에서 정한 기준에 따르기로 했다. 주민들에게 적절한 거처를 마련해 주는 것이 정부의 의무사항임을 명시적으로 밝혔다.[19] 인간은 누구나 인종, 종교, 정치이념, 문화, 경제적 수준을 초월하여 건강하고 쾌적한 환경에서 생활할 권리를 갖는다는 「주거권」의 보장이 세계적으로 공인된 셈이다.[20]

---

19 주거권 보장을 위한 한국대표단의 활동은 매우 진지하고 치열했다. 보름 정도 진행된 각종회의에서 도시전문가들과의 발표와 토론을 통해 주거권 확보가 인간정주를 위해 필수적임을 역설했다. 각국에서 참여한 주거운동가 및 시민운동가와의 연대를 강화하면서, 이들과 함께 이스탄불의 도심광장과 갈라타 다리에서 '주거권 확보를 위한 세계집회'를 가졌다. 세계회의가 열리는 대회장과 각종집회에서는 대형 걸개그림과 함께 '성주풀이', '사물놀이' 등 한국의 풍물 문화행사가 펼쳐져 주거권 확보운동을 문화적 차원으로까지 끌어 올렸다. 이스탄불과 주변지역의 주거환경을 직접 보고 토론하는 현지답사도 행해졌다. 이러한 한국대표단의 활동은 CNN을 위시한 전 세계의 언론기관에서 경쟁적으로 취재하여 보도했다.

20 하성규, 1996.6.22, "주거권과 삶의 질 개선," 국민복지추진연합 심포지엄 발표논문.

제3절

대한민국의 도시 관리와 환경개선 노력

대한민국은 1970년대 이후 환경과 도시 관리의 조화를 이루기 위한 실천적 움직임이 환경개선정책, 그린벨트정책, 도시개선운동의 세 가지 측면에서 이루어졌다.

01 환경개선을 위한 도시정책

대한민국의 환경개선을 위한 도시정책의 흐름은 대체로 ① 1990년대 이전의 오염매체 관리에 주력하는 도시 관리정책, ② 1990년대 이후의 생태환경을 중시하는 도시 관리정책, ③ 1990년대 중반 이후에 이르러 환경과 지역경제를 도모하는 지속가능성 도시 관리 정책, 그리고 ④ 2000년대 후반 이후의 기후변화에 대응하는 탄소감축 정책을 중시하면서 도시 관리와 환경문제의 통합적 접근을 시도하는 도시 관리정책으로 정리할 수 있다.

2000년대에 대두된 도시환경정책 가운데 저탄소 녹색도시 구축의 시동은 주목된다. 2008년 이후 우리나라에서는 환경과 도시 관리 측면에서 저탄소 녹색도시에 관한 패러다임이 대두됐다. 2013년 이후 구체적인 녹색도시 구축을 위한 정책적 실천운동이 전개됐다.

국토교통부가 2009년 제정하여 시행하고 있는「저탄소 녹색도시 조성을 위한 도시계획수립 지침」에 따른 도시계획 수립 원칙에서는 다섯 가지를 제시했다. ① 정부의 저탄소 녹색성장을 위한 정책목표에 부합되도록 하며, 국가기후변화종합기본계획[21] 및 국가에너지기본계획[22] 등 관련 국가계획과 연계되도록 한다. ② 수립권자는 도시계획 수립시 온실가스 저감 등 기후변화에 대응하기 위하여 공간구조, 교통체계, 환경보전과 관리, 에너지 및 공원·녹지 등 도시계획 각 부문을 체계적이고 포괄적으로 접근하여 수립한다. ③ 수립권자는 도시계획 수립 시 온실가스 감축과 자원절약형 개발 및 관리를 위하여 한계자원인 토지, 화석 연료 등의 소비를 최소화하고 이들을 효율적으로 이용할 수 있는 방안을 계획한다. ④ 수립권자는 도시계획 수립 시 태양력·풍력·조력 등 신재생에너지원을 확보할 수 있는 잠재력을 분석·반영하고, 에너지 절감을 위한 신재생에너지 등 환경 친화적 에너지의 공급 및 사용을 위한 대책을 수립한다. ⑤ 수립권자는 도시계획 수립 시 기후변화 완화 및 적응을 위하여 지역의 지리적, 사회·경제 여건 등 지역의 특성을 반영하여 수립하며, 지역의 특성에 따라 계획의 수립 여부 및 계획

---

21 국무총리실 기후변화대책기획단, 2008.12.24., 기후변화대응 종합기본계획.

22 제3차 국가에너지위원회(국무총리실·기획재정부·교육과학기술부·외교통상부·지식경제부·환경부·국토해양부), 2008.8.27., 제1차 국가에너지기본계획(2008~2030).

의 상세정도를 달리하여 수립할 수 있다.[23]

  환경이란 삶의 총체적 조건을 형성하는 것이므로 환경정책도 총체적 접근을 필요로 한다. 환경내부 세부 정책 간의 통합도 필수이지만 도시, 문화, 보건, 경제 등 분야 간의 정책융합도 필요하다. 이런 융·복합 정책은 환경을 건강하게 만드는 것은 물론 시민 삶의 질을 높이며 도시에 활력을 불어넣는 밑거름이다. 이러한 관점에서, 현 단계 우리나라 도시가 직면한 환경문제와 그 해결방향을 감안하여 볼 때, 도시환경정책이 추구해야 하는 과제는 ① 생물 다양성 증진, ② 환경서비스 품질의 제고, ③ 탄소중립도시의 실현, ④ 환경오염의 예방과 관리, 그리고 ⑤ 환경관리 기반의 구축이라고 제시된 바 있다. 이상문은 지속가능성의 세 가지 측면인 환경적, 경제적, 사회문화적 지속성으로 구분해 보면, 생물 다양성·탄소중립도시·환경오염은 환경적 지속성에, 환경서비스는 경제 및 사회문화적 지속성에, 그리고 환경관리기반 구축은 사회문화적 지속성에 해당한다고 설명했다.[24]

  대한민국은 1980년대 이후 국토 관리에서 환경적 요인이 중요 변수로 되어 왔다. 여기에는 성숙한 시민의식과 이를 현실로 옮겨 국토 관리에 반영하자는 국민적 공감대가 뒷받침됐다. 국민들의 친환경 의식은 1992년 리우환경회의를 거치면서 성숙됐다. 김대중 정부시절에 펼쳐진 「그린벨트 보전운동」에서 점화됐다. 노무현 정부 말기에는 환경을 국토계획에 연계시켜 함께 관리해 보자는 단계에 이르러 「국토환경관리정책조정위원회」가 구성

---

23 국토해양부, 2009, 저탄소 녹색도시조성을 위한 도시계획수립 지침 제1장 제4절, '저탄소 녹색도시 조성을 위한 도시계획 수립의 원칙'.

24 이상문, 2014.10, "도시환경정책의 방향과 과제," 도시문제 551, 행정공제회, 27-31.

된 바 있다.[25] 세계적 추세로나 대한민국의 국토 관리의 흐름으로나 국토정책에서의 친환경적 패러다임은 가장 핵심적인 철학으로 자리매김했다고 보인다.

02 그린벨트 운영과 관리

대한민국은 1971년 그린벨트를 도입한 후 53년이 지난 2024년에 이르기까지 그린벨트를 선진적으로 운영해 왔다. 대도시 집중이 계속되고 있는 시점에서 그린벨트의 개발허용은 바람직하지 못하다는 것이 중론이다. 여기에서는 상정될 수 있는 그린벨트 관리상의 논의과제를 검토해 보기로 한다.

1) 그린벨트 관리 철칙

그린벨트 조정 이후 관리 철칙으로 지켜온 내용은 「환경평가 1·2등급지의 보전」이다. 1999년 7월 건설교통부가 그린벨트의 조정을 발표한 이후에는 「환경평가 1·2등급 유지의 원칙」에 관한 특별한 조치가 행해지지 않았다. 이러한 원칙에 따라 환경평가 1·2등급 지역은 보전지역으로 잘 유

---

25 건설교통부장관과 환경부장관이 발의한 국토환경관리정책조정위원회는 2006년 7월부터 논의되어 오다가 2007년 10월 26일 제1회 운영회의를 열었다. 건설교통부, 환경부, 민간위원 등이 망라된 16인의 위원회와 실무위원회를 구성하고 전문가 자문단 등을 만들기로 했다. 동 위원회는 국토종합계획·국가환경종합계획 등의 수립 및 이해관계의 조정 필요사항과 법령 제·개정 및 국무회의 상정 안건 중 부처 간 이해관계 조정 필요사항 등을 심의하기로 한 바 있다. 권용우는 위원장 자격으로 참여했다.

지 관리되고 있다. 1999년 7월 이후 환경평가는 1회 실시했다. 현재까지 큰 변화 없이 그대로 유지되고 있는 상태다. 그린벨트의 지정 및 관리에 관한 특별조치법 어디에도 환경평가 1·2등급 지역 해제가능 여부에 관한 언급은 없다. 이는 환경평가 1·2등급이 그린벨트의 보전지역으로서 유지 보전한다는 철칙에 변함이 없음을 반증하고 있다.

대한민국에서는 1980년대 이후 국토관리에 있어 환경적 요인이 중요한 변수로 적용되어 왔다. 1992년 리우환경회의를 계기로 환경의 중요성이 더욱 인식됐다. 그린벨트 조정과정에서 상위 1·2등급에 해당하는 보전가치가 높은 지역은 보전·생산녹지지역, 공원 등 절대보전지역으로 지정한다는 원칙을 세웠다. 여기에 해당하는 면적은 구역면적의 60% 내외다. 그리고 도시권별로 보전지역으로 지정하는 면적은 환경평가 1·2 등급 면적의 총량이 유지되도록 하는 것을 포함하고 있다. 여기서 특히 주목되는 점은 환경평가 1·2등급으로 지정된 지역은 해제가 이루어져서는 안 된다는 것을 원칙으로 정했다는 내용이다. 그린벨트 개선방안이 발표될 때나 그 이후 관련법과 시행령, 그리고 각종 관련 운영기준에서 「환경평가 1·2등급 유지의 원칙」이 준수되어 왔다는 사실은 국민들의 환경의식이 매우 높다는 것을 반증하는 결과다.

국민들의 그린벨트에 대한 철학을 바탕으로 환경평가 1·2등급의 보전가치가 높은 곳은 그린벨트의 존치 원칙을 지켜야 한다. 도시계획 구역설정 과정에서 환경평가 1·2등급은 기본적으로 개발 대상에서 제척해야 한다. 불가피하게 환경평가 1·2등급을 도시계획 구역 안에 포함시킬 경우 공원·녹지 등의 보전용지로 반드시 지정해야 한다.

2024년에 들어서 일각에서 지역균형발전과 신산업을 명분으로 그린벨트 1·2등급에 대한 해제 여부를 거론하고 있다. 그러나 그린벨트 1·2등급의 해제가 정해지면 대한민국의 그린벨트는 사실상 무너지는 결과로 이어질 수 있다. 일본이 1958년에 선진적으로 그린벨트를 도입했다. 이해당사자·정치권·배금주의자 등에 의해 1968년에 이르러 그린벨트가 와해됐다. 오늘날 경제상위국 가운데 일본은 그린벨트를 설치하지 못한 국가로 분류된다. 그린벨트가 있는 나라는 단연코 환경적 선진국이라 할 수 있다. 대한민국은 세계 3위의 산업강국이다.[26] 그린벨트 1·2등급의 해제 논의는 스스로 환경 선진국의 지위를 허물어 버릴 수 있는 위험한 시도일 수 있다. 신중을 기해 검토해야 한다. 부득이한 경우라도 그린벨트 1·2등급지를 보전하면서 그에 상응하는 1·2등급 상응 대체지를 확보한 연후에 논의하는 것이 절실히 요구된다. 거듭 강조하는 바는 그린벨트 1·2등급지는 절대적으로 보전해야 한다. 대한민국 국토의 3.9%로 남아있는 그린벨트 1·2등급지는 대한민국 환경 보전의 최후의 보루(堡壘)다.

2) 녹지축과 생태환경의 보전

그린벨트는 도시의 완충녹지로서 시민들에게 맑은 공기와 휴식공간을 제공하고 도시의 생명력을 지키는 허파와 같은 역할을 하고 있다. 그린벨트를 해제하고 이곳에 대규모 택지개발사업을 추진하는 경우 '개발'과 '환

---

26 권용우는 2024년에 저술한『세계도시 바로 알기, 제9권 말·먹거리·종교』(박영사)에서 대한민국이 세계 3위의 산업강국임을 상세히 분석하고 있다. 전 세계 62개국에 관한 내용은『권용우, 2021-2024, 세계도시 바로 알기, 1-8권』(박영사)에서 자세히 다루고 있다.

경보전' 사이의 우선순위를 놓고 논란을 야기할 수 있다. 일각에서 산지와 그린벨트를 정확히 구분하지 못하는 사례가 있다. 산지는 자연상태의 녹지다. 그린벨트는 도시의 환경을 지키기 위해 설정한 도시주변의 녹지다.[27]

이런 관점에서 차제에 그린벨트를 '개발을 제한하는 구역'이라는 소극적 방어적 패러다임에서 벗어나, '환경을 지키고 보전하는 생태환경벨트'라는 적극적 옹호적 패러다임으로 전환하는 방안을 검토해 볼 수 있다. 일각에서는 영국과 같이 모든 도시농촌계획에서 일정한 비율의 녹지축과 그린벨트를 확보하는 것이 생태환경 보전 측면에서 바람직하다는 주장도 있다.

그린벨트를 '환경을 지키고 보전하는 생태환경벨트'로 만들기 위해선 그린벨트에 대한 체계적이고 친환경적인 관리방안이 수립되어야 한다. 그린벨트가 설치된 도시권에 대해 권역내부와 외부에 녹지축을 설치하고, 녹지자연도가 일정 수준이상 유지되도록 조치하면서 인공적인 녹지 확대 전략이 있어야 한다. 녹지축의 핵심보전지역은 적절한 보전대책을 마련하고 단절된 녹지축은 복원방안을 마련하는 한편, 한발 더 나아가 훼손된 지역을 그린벨트로 지정하는 대책이 강구될 수 있다. 꼭 개발해야 하는 지역이라 하더라도 녹지축상의 지역은 제척하는 것이 바람직하다.

---

27 그린벨트와 관련된 일부의 논쟁 가운데 '그린벨트와 산지'를 혼용해서 사용하는 경우가 있다. 논쟁의 내용은 '우리나라에는 산지가 6할 이상이나 있어 녹지가 충분히 확보되어 있기 때문에 그린벨트가 굳이 필요 없다'는 주장이다. 이러한 주장에는 국토공간에 관한 공간적 인식이 결여되어 있다. 그린벨트는 도시 특히 대도시 주변지역에 도시의 확산을 방지하기 위하여 설정된 인위적인 공간지역이다. 이에 대해 산지는 도시에서 상당한 거리에 떨어져 있는 천연 그대로의 자연적인 공간지역이다. 그린벨트와 산지는 동일 선상에 놓고 비교할 대상이 아니다. 그리고 도시에서 상당한 거리에 있는 산지는 도시의 확산방지와 무관하다. 그린벨트는 도시에서의 녹지가 필요해 지정한 지역으로 환경을 고려해서 설정한 정책적·인위적 공간이다.

3) 계획허가제와 투기방지

규제완화와 지가변동에 관해서는 두 가지 견해가 있다. 하나는 규제완화가 토지공급을 증대시켜 지가를 떨어뜨린다는 견해다. 다른 하나는 규제완화로 토지공급이 증대된다 하더라도 토지의 수요가 급격히 증가하면 지가는 오히려 상승한다는 견해다. 토지이용 규제완화로 토지공급이 증가하면 지가가 떨어지는 것이 일반적인 현상이다. 그러나 토지공급이 부족하고 토지수요가 많은 지역에서는, 규제완화가 오히려 토지공급을 능가하는 과잉수요를 촉발시켜 지가를 상승시킬 수 있다는 주장이 있다. 우리나라의 경우 특히 수도권에서는 과잉의 토지수요로 인하여 그린벨트 해제 등의 토지이용규제 완화가 오히려 지가를 상승시킬 수 있다는 우려가 제기되기도 한다. 이러한 우려를 해결하기 위해선 그린벨트를 조정하는 국면에서는 우선적으로 지가를 안정시키고 투기를 차단할 수 있는 대책을 먼저 강구하는 것이 필요하다.

그린벨트 내 토지 가운데 서류상에는 원거주민으로 되어 있으나 명의만을 빌려 실제는 외지인이 소유하고 있는 경우가 있을 수 있다. 이럴 경우 그린벨트 재조정이 진행되면 투기를 목적으로 그린벨트를 소유한 사람들에게 국가가 제도적으로 혜택을 주는 셈이 된다. 따라서 부동산 투기를 하지 못하도록 방지하는 대책이 필요하다. 계획된 용도에 따라 철저한 허가를 받아 개발을 진행하는 '계획허가제'가 실시되면 투기가 방지될 수 있다.

4) 관리감시의 주체와 관리기구

그린벨트를 관리하는 주체는 정부와 지방자치단체에 있다. 그러나 지방자치단체가 재정확보와 지역성장의지에 입각해서 개발일변도로 그린벨트를 운영했을 때 그린벨트의 훼손은 가속화된다. 이를 방지하기 위해 그린벨트를 정책적으로 전담 관리하는 정책기구가 구성되어야 한다는 견해가 있다. 그린벨트 관리체계를 효율적으로 운영하기 위해서는 독립적인 정책 전담기구를 구성하는 것이 바람직하다는 지적이다. 그린벨트 관리 기구에서는 각종 그린벨트 정책을 제도화하고, 지리정보시스템을 구축하여 그린벨트를 실측조사를 체계화하며, 관리시스템의 자동화와 전산화를 도모할 수 있다.

5) 다른 토지이용규제지역과의 형평성

그린벨트를 조정하는 과정에서 그린벨트와 유사하게 공공선을 명분으로 토지이용규제를 받는 도시계획시설용지, 군사시설보호구역, 상수원보호구역, 자연공원법지정구역, 전통건조물보존지구, 고속국도변 지정지구 등 10여 개의 토지이용규제지역은 어떻게 처리해야 하는가라는 문제가 대두된다. 그린벨트와 분리해서 처리해야 하느냐 아니면 함께 처리해야 하느냐는 등 분리론과 통합론이 거론되고 있다. 이 경우 그린벨트를 최소한으로 조정하게 되면 다른 토지이용규제지역과의 형평성 문제가 보다 수월하게 처리될 수 있을 것이다.

6) 소유권과 개발권의 분리

토지에는 소유권, 처분권, 개발권의 세 가지 권리가 있다. 우리나라는 특별한 규정이 없는 한 토지의 세 가지 권리가 토지소유자에게 주어져 있다. 그러나 서구에서는 공공선을 위한 경우 토지의 소유권과 개발권을 분리해서 개발권을 공공기관이 행사한다는 개념이 있다. 우리나라에서도 토지관련 전문가들 중심으로 토지소유권과 개발권에 관한 새로운 패러다임을 모색해 볼 필요가 있다는 의견이 제시된 바 있다.[28] 토지의 소유권과 개발권이 분리될 경우, 그린벨트의 소유권은 토지소유자가 가지고, 개발은 공공기관이 집행할 수 있기 때문에 그린벨트의 재산권에 관한 논쟁이 상당부분 해결될 수 있다.

7) 적극적 보전제도 운영

그린벨트 제도운영에 있어 그동안 대도시 주변에 소재한 다수의 자연유산, 문화유적 등이 있음에도 그린벨트 행위제한에 의해 여가공간으로서 접

---

28 경제정의실천시민연합은 철학, 법학, 경제학, 지리학, 토목학, 도시계획학, 주택정책론, 지역개발론 등의 전공학자들 중심으로 1998년 10월에 「토지포럼」을 만들어 토지의 소유권과 토지정책 및 토지철학에 관한 새로운 패러다임을 만들기 위한 연구모임을 진행한 바 있다. 1999년 4월 29일과 11월 29일의 두 차례에 걸쳐 밀레니엄 시대의 국토관리에 관한 대규모의 국민대토론회를 개최했다. 이 국민대토론회는 국토연구원, 대한국토 · 도시계획학회, 경제정의실천시민연합, 한국토지공사 등이 주관하고, 건설교통부, 한국환경 · 사회단체회의가 후원하여 이루어진 민관학(民官學)의 국민대토론회였다. 이 국민대토론회에서는 그린벨트를 위시하여 공공선을 위해 토지개발권이 제한받고 있는 토지에 대하여 소유권과 개발권을 분리해서 적용할 수도 있을 것이라는 내용이 진지하게 논의되었다. 이러한 토론회가 발전되어 2001년에 「새국토연구협의회」라는 대규모의 민관학 연구단체가 조직되어 활동한 바 있다.

근성 및 활용도가 미흡한 측면이 있었다. 또한 그린벨트 내 존치취락에 대한 정비 사업이 부진하여 일부 낙후지역의 상태로 그대로 방치되는 등 주민 생활에 불편함과 주변경관을 저해하는 현상이 발생하였다. 그리고 일부 그린벨트 교통요충지에 불법행위가 집단화하여 도시경관을 훼손시키는 사례도 상당히 많이 나타난 바 있다. 그린벨트 내 자연경관 우수지역, 역사유적지, 전통사찰 등 역사 · 문화 · 환경 우수지역들은 적극적인 보전관점에 입각하여 그린벨트 제도를 운영할 필요가 있다.

03 도시개선운동의 전개

1996년 이스탄불에서 진행된 「세계도시정상회의(HABITAT II)」에 다녀온 이후 시민 환경운동가들은 본격적으로 도시와 환경문제를 함께 풀어보려는 보통시민들의 도시개선운동에 착수했다. 대한민국에서 처음으로 도시문제를 시민운동으로 인식하여 도시운동을 시작한 것은 경실련 도시개혁센터다. 경제정의실천시민연합은 삼풍 참사 1주년을 맞는 1996년 6월 28일에 도시개혁 시민운동을 선언하고, 경실련 도시개혁센터를 만들기 위한 준비과정을 진행시켰다. 성수대교붕괴 2주년을 맞는 1996년 10월 21일 경실련 도시개혁센터 발기대회를 개최했다. 1997년 6월 28일에 도시개혁센터를 창립했다.[29] 그사이 도시개혁센터에서는 도시대학을 여러 차례 운영

---

29 1997년 당시 경실련 도시개혁센터는 서울대 권태준 교수, 경원대 최병선 교수(전 대한국토 · 도시계획학회장), 중앙대 하성규 교수(전 한국주택학회장), 한양대 김수삼 교수(대한토목학회장), 성신여대 권용우 교수(전 국토지리학회장), 유재현 박사(전

해 상당한 도시전문가와 도시연구자를 양성했다. 또한 다양한 도시문제를 심도 있게 거론하면서 대안을 제시해 우리사회에 의미 있는 도시 여론을 불러일으켰다. 경실련 도시개혁센터는 도시개혁운동의 원칙과 방향을 다음과 같이 설정한다.

1) 도시개혁운동의 원칙

경실련 도시개혁센터는 지속가능한 도시, 친환경적인 도시, 시민중심의 도시, 균형 특화된 도시, 살기 좋은 도시 등을 도시개혁운동의 원칙으로 제시했다.[30]

첫째는 지속가능하고 친환경적인 도시다. 과거 개발시대의 논리는 환경 훼손의 논리였다. 잘 살기 위해서는 개발이 필요하며 이 과정에서 파생된 환경파괴는 감수할 수밖에 없다는 생각이었다. 그러나 경제발전의 성과가 국민의 삶의 질을 위협하는 것은 곤란하다. 과다한 자원남용은 머지않아 자원고갈로 이어질 조짐이다. 우리의 삶이 지속되려면 개발의 논리에서 보전의 논리로 방향전환이 필요하다. 모든 개발행위에는 환경과 생태계 보전에 최우선적인 가치를 두어야 한다. 도시계획을 포함한 모든 정비계획에서 지속가능하고 친환경적인 국토정책이 원칙이 되어야 한다.

둘째는 시민이 참여하는 자율적인 도시다. 정책결정과정과 도시행정에서 시민들의 참여는 필수적이다. 지방자치단체와 시민이 함께 도시문제를

경실련 사무총장), 중앙대 김명호 교수(전 대한건축학회장), 홍철 박사(전 인천대 총장), 중앙대 이경희 교수(대한가정학회장) 등이 주도하여 만들었다.

30 경실련 도시개혁센터 창립취지문, 1997.6.28.

논의하고 책임질 때 도시의 건강성은 이룩된다. 밀실행정을 공개행정으로 전환하고, 편의주의, 보신주의를 타파하며 책임행정을 구현해야 한다. 정책입안ㆍ결정ㆍ집행의 전 과정에 시민의 참여를 제도화하고 시민감시구조를 마련해야 한다. 행정절차법과 정보공개법 및 조례가 제정되어 시민들이 쉽게 정보를 접근하는 것이 요망된다. 지방자치단체, 시민사회 및 주민조직이 지역사회의 발전방향을 공동으로 마련하고 집행 평가하는 것이 바람직하다. 이러한 도시개혁은 시민의 참여를 통해서만 가능하다. 이제는 우리의 도시를 성장의 개발논리와 시민배제적인 정책을 펴거나, 재정수입과 개발이익만을 챙기는 지방정부에게 맡겨둘 수만은 없다. 도시개혁을 촉구하는 시민들의 압력이 거스를 수 없을 만큼 드세어질 때만이 정부의 변화도 기대할 수 있다.

셋째는 균형적으로 발전하는 도시다. 다수의 희생으로 소수가 번영하는 거점개발 방식은 지방화ㆍ자율화를 지향하는 오늘날의 사회적 흐름과는 맞지 않는다. 새로운 균형개발의 패러다임으로 경쟁력을 강화해야 한다. 극단적 지역이기주의와 특정지역의 경제력 집중은 세계화나 경쟁력 강화에 도움이 못된다. 지역이기주의를 극복하고, 전국적 관점에서 국토공간을 바라다보는 새로운 균형 감각이 절실하다. 오늘날 세계화의 추세는 우리국토의 곳곳이 그 지역의 기능에 맞는 탄력 있는 열린 공간이 될 것을 요구하고 있다. 도시와 농촌 간의 균형발전, 도시 간의 균형발전, 도시 내의 균형발전, 그리고 도시와 주변지역과의 균형발전 등 새로운 균형발전의 논리가 필요하다.

넷째는 도시 시설이 정비된 안전한 도시다. 앞으로 달음질만 치던 성장의 뜀박질은 속도조절이 필요하다. 망가진 국토를 다듬는 정비의 패러다임이 요구된다. 부실과 졸속의 관행은 청산되어야 한다. 시민이 안전하게 살 수 있는 도시환경과 도시 시설이 만들어져야 한다. 고속성장시대의 잣대였던 양적 팽창과 물질 우위의 사고를 지양하고, 시민이 중심이 되는 인간중심의 국토를 만들어야 할 때다. 시민에게 휴식과 인간적 여유로움을 가져다 줄 수 있는 생활공간이 확보되어야 하는 것이다. 그러기 위해선 주택, 건설, 교통, 환경의 모든 부문에서 잘 정비된 안전한 국토정책이 시행되어야 한다.

다섯째는 살맛나는 건강한 도시다. 시민들이 인간답게 살 수 있는 도시환경은 초 과밀한 도시개발과는 거리가 멀다. 환경과 도시 내 녹지공간은 푸른 도시와 직결된다. 시민들에게 깨끗한 공기와 맑은 물을 제공하는 것은 기본이다. 국토는 단순히 잠만 자고 물건 만드는 일터가 아니다. 국토는 삶의 질을 추구하며 풍요롭게 살 수 있는 생태환경이다.

여섯째는 인간적인 시민의 도시다. 도시의 주체는 시민이다. 바람직한 도시는 시민에게 만족을 줄 수 있는 도시여야 한다. 그러나 고속성장시대의 가치였던 양적 충족과 물질만능의 사고는 시민들을 도시에서 소외시켰다. 사회적 약자가 보호받을 수 있는 공동체가 되었을 때 참다운 도시의 면모가 갖추어진다. 이를 위해 장애인, 노약자 등 사회적 취약자에 대한 편의시설과 복지수준 향상이 요구된다. 나아가 교통, 환경 등 모든 측면에서 사람 우선의 관리체계가 확립되어야 한다.

일곱째는 민생 위주의 서민을 위한 도시다. 중앙집권적, 상의 하달식 체계에서는 시민에 대한 책임감보다 임명권자에 대한 충성이 만연한다. 따라서 민생보다는 건수 올리기 식의 전시적 도시정책의 주류를 이룬다. 이는 민주화 · 자율화의 시대적 흐름에는 맞지 않는다. 모든 정책결정이 시민에 대해 책임을 지는 민생위주의 도시행정으로 전환되어야 하다.

2) 도시개혁운동의 방향

경실련 도시개혁센터는 도시개혁운동을 효율적으로 추진하기 위해서 ① 깨끗하고 쾌적한 도시 ② 안전하고 범죄 없는 도시 ③ 보행자 중심의 편리한 도시 ④ 정보체계가 완비된 열려있는 도시 ⑤ 도시 정상 환경이 갖추어진 도시 ⑥ 균형적으로 발전하는 도시 ⑦ 역사가 살아있는 도시 ⑧ 문화가 숨쉬는 도시 등의 보다 구체적인 개혁방향을 제시했다.

3) 경실련 도시개혁센터의 활동 내용

1997년 창립한 이후 2013년까지 경실련 도시개혁센터가 이루어 낸 주요 활동 내용은 다음과 같다.[31]

① 개발제한구역 보전과 광역도시권 설정

1997년 12월 대통령 선거에서 김대중 후보는 환경 해제를 공약해서 대통령에 당선됐다. 김대중 대통령은 '환경평가를 통해 묶을 지역은 묶고 풀 지역은 풀겠다.'는 조건부 해제론을 제시했다. 그러나 정부 일각에서는 환경

---

31 경실련 도시개혁센터의 1997-2004년까지의 활동은 「권용우, 2004, "도시개혁과 시민참여: 경실련 도시개혁센터를 중심으로," 한국도시지리학회지 7(1):13-27, 한국도시지리학회」의 내용을 기초로 최근의 자료를 보강하여 재작성한 것이다.

전면해제를 주장하는 일부 국민의 뜻에 동조하려는 움직임이 일어났다. 이에 1998년에 이르러 경실련 도시개혁센터, 환경운동연합, 녹색연합 등 시민 환경단체는 「그린벨트 살리기 국민행동」을 만들어 환경 보전에 앞장섰다. 1998년 12월 24일 정부대표와 시민환경대표와의 이른바 「그린벨트 회담」에서 개발제한구역 전면해제가 유보되었다. 1999년에 영국 도시농촌계획학회의 피터 홀 교수 등은 광역도시권의 개발제한구역은 광역도시계획을 통해 조정하도록 건의했다. 1999년 7월 정부는 춘천 등 7개 중소도시의 개발제한구역은 전면해제하고 수도권 등의 7개 광역 도시권은 광역도시계획을 통해 부분 해제하겠다고 천명했다. 광역도시계획의 첫 번째 단계는 광역도시권의 설정이다. 광역도시권은 경실련 도시개혁센터가 주도하는 가운데 국토연구원 등 전국의 국책기관과 협력하여 설정했다.[32] 1998년 이후 국토교통부는 중앙도시계획위원회에 경실련 도시개혁센터에서 추천한 전문가를 참여시켜 개발제한구역을 비롯한 도시 관리 정책 심의에 동참하도록 했다.

② 기반시설연동제와 국토의 계획 및 이용에 관한 법률

2000년 7월 국토연구원에서 국토의 난개발을 제도적으로 정비하기 위한 국토정비기획단 회의가 열렸다. 본 회의에서 경실련 도시개혁센터는 아파

---

32 경실련 도시개혁센터 권용우 대표는 정부로부터 수도권, 부산권, 대구권, 광주권, 대전권, 마산 · 창원 · 진해권 등 광역도시권 설정 연구의 총책임자로 위촉받아 1999년 12월부터 2000년 10월까지 각 광역도시권 설정에 참여했다. 울산 광역도시권의 경우 울산 도시기본계획으로 환경을 조정하도록 조치되었다. 전국 광역도시권 설정에는 경실련 도시개혁센터와 직 · 간접적으로 관련된 전문가가 다수 참여했다.

트 등을 건설할 때 도로 · 상하수도 · 학교 · 병원 · 편익시설 등 기반시설을 의무적으로 짓도록 하는「기반시설연동제」를 도입해야 한다고 주장했다.[33] 기반시설연동제의 개념은 '先계획 後개발의 원칙'과 함께 경실련 도시개혁센터에서 난개발을 막기 위한 제도적 장치로 공론화된 내용이었다. 이후 기반시설연동제는 여러 논의과정을 거쳐 제도적 틀을 갖추게 되어「국토의 계획과 이용에 관한 법률」제정으로 이어졌다.[34] 2003년 1월 1일에 이르러「국토의 계획 및 이용에 관한 법률」이 발효되어 시행됐다.

③ 수도권 문제해결과 신행정수도 건설

2002년 대통령 선거과정에서 각 후보 진영은 도시문제에 각별한 관심을 표명했다. 특히 노무현 후보 진영은 균형개발에 초점을 맞추면서 여러 가지 대안을 모색했다.[35] 2002년 9월 경실련 도시개혁센터에서는 수도권 문제해결을 위한 해법을 대통령 선거공약으로 채택해 줄 것을 각 후보 진영에

---

33 국토의 이용 및 계획에 관한 법률안(II): 입법참고자료집, 2001, 796쪽. 2000년 7월 6일 개최된 국토정비기획단 회의는 자문위원장을 맡은 서울대 김안제 교수가 주관했다.

34 국토의 계획 및 이용에 관한 법률 제정은 그 당시 건설교통부 최재덕 국토정책국장이 적극 추진했다. 경실련 도시개혁센터의 전문가들이 대거 참여하여 제정과정에서 환경보전의 논리를 제공했다.

35 2002년 5월 노무현 후보 진영의 김병준 교수가 경실련 활동을 같이 했던 도시개혁센터 권용우 대표에게 실천 가능하면서 꼭 필요한 선거공약을 제안해 달라고 요청했다. 경실련 도시개혁센터는 수도권 문제 해결이 매우 중요한 문제이니 중앙 행정기능의 산하 기관을 비수도권 지역에 중장기적으로 이전하는「중추기능 이전론」내용을 공약화 하도록 노무현 후보 진영에 권유했다. 그 후 경실련에서는 2002년 대통령 선거 후보 모두에게 유사한 내용을 제안했다.

게 공식적으로 요청했다. 2002년 9월 30일 노무현 후보는 수도권 문제해결을 위해서는 '충청권에 신행정수도를 건설하겠다.'는 공약을 천명했다. 이회창 후보는 대전을 과학수도로, 부산을 해양수도로 만들겠다고 발표했다. 정몽준 후보는 대기업의 본사를 비수도권에 옮기겠다고 공약했다. 결과적으로 2002년 대통령선거에서는 수도권 문제해결이 국민적 최대 관심사가 됐다. 선거 결과 '충청권에 신행정수도를 건설하겠다.'는 노무현 후보가 대통령에 당선됐다. 2003년에 이르러 신행정수도 건설과 국가균형발전에 관한 논의가 활발히 이루어졌다. 2003년 12월 국회에서 신행정수도의 건설을 위한 특별조치법, 국가균형발전특별법, 국가분권특별법 등 균형관련 3개 법률안이 압도적 다수표를 얻어 통과됐다. 2004년에 이르러 신행정수도 건설과 국가균형발전정책은 구체적인 실행단계에 이르렀다. 그 사이 대통령 탄핵, 두 번의 대통령 선거를 치르면서 우여곡절을 겪었다. 그러나 균형발전의 상징으로 세종시가 건설되어 정부 각 부처가 세종시로 이전했다.

경실련 도시개혁센터는 이러한 활동 외에 ④ 용적률 하향화 운동(2000년) ⑤ 지속가능한 도시대상(2000-4) ⑥ 도시재개발과 뉴타운 건설(2004) ⑦ 청계천 복원과 도시부흥(urban renaissance)(2004) ⑧ 개발이익 환수제(2004) ⑨ 다양한 생활도시운동의 전개[36](2008년 이후) 등을 전개했다.

---

36 (사)경실련 도시개혁센터, 2007, 시민의 도시를 위한 10년의 발자취: 1997.6-2007.6; 2007-2013년의 활동 내용은 경실련 도시개혁센터에서 정리한 것에 기초하여 작성한 것이다.

제4절

환경과 함께 하는 도시 관리

산업혁명과 시민혁명을 계기로 도시 시대가 열렸다. 이에 따라 도시로 많은 사람들이 모여들어 왕성한 도시 활동을 전개했다. 도시의 역동적 삶의 공간을 위해 역량 있고 탁월한 도시전문가들은 섬광 같은 지혜를 발휘하여 불멸의 도시문화를 일구어 놓았다. 이들의 뛰어난 예지가 보통사람들에게 의미 있는 삶의 터전을 제공해 준 것이다.

그러나 오늘날에 이르러서는 상황이 많이 달라졌다. 국민들의 대다수가 도시에서 사는 국가 도시 시대가 도래한 것이다. 실로 전문가의 능력만으로 해결하기에는 도시문제가 너무 크고 복잡하게 되었다. 시대의 흐름은 도시에 사는 모든 사람이 주인이 되어 전문가와 함께 도시의 모든 문제를 함께 풀어 나가도록 요구하고 있다.

특히 20세기 이후에 들어서 나타난 도시환경문제의 해결에서는 더더욱 총체적 해결을 필요로 한다. 도시민 전체뿐만 아니라, 국가와 전 세계적 차원에서 도시 관리와 환경을 다루지 않으면 안되는 시대가 도래한 것이다.

1972년 스웨덴의 인간환경회의, 1992년 브라질 리우의 환경 및 개발에 관한 국제회의, 2002년 요하네스버그의 지속가능발전 세계회의, 1997년 교토의정서 채택, 2007년 발리로드맵 채택, 2009년 코펜하겐 협정, 2015년 파리협정 등 국제회의를 통해 모든 도시 관리에서 지속가능하고 친환경적인 논리를 적용해야 함을 선언한다.

친환경정책은 무엇보다 정책집행자와 정책수혜자가 쌍방향 소통하면서 그 정책의 좋은 점을 보통사람들이 직접 피부로 느끼게 해야 한다. 보통사람들이 느끼는 행복의 질을 극대화하기 위한 친환경정책을 펼치려면 다음의 세 가지 특성을 신중하게 고려할 필요가 있다.

첫째는 유연성(flexibility)이다. 국민 속에 살아 있는 친환경정책이 되려면 정책입안자 및 집행자가 직접 국민 속으로 들어가야 한다. 책상 위에서 여러 자료를 중심으로 정책 구상을 하고, 이러한 정책을 펴면 국민들에게 도움이 될 것이라는 종래의 방식으로는 실효성을 거두기 어렵다. 시민들을 직접 만나고 함께 고민하고 함께 풀어나가려는 유연한 자세가 요구된다.

둘째는 다양성(diversity)이다. 종래에는 주제가 컸다. 대규모 국토건설이나 해양개발 등 보통시민들은 그저 정책이 진행되는 것을 바라다보는 형국이었다. 그러나 친환경시대의 친환경정책은 주제가 아주 다양하고 상대적으로 작을 수 있다고 보여진다. 간략히 표현해 본다면 '소주제 다양성'이다. 친환경 이해관계를 가진 당사자가 시민 하나하나일 경우도 있기 때문에, 각자의 이해관계와 관심사에 따라 주제가 작고 그 종류가 무수할 수 있다. 따라서 소주제 다양성에 대응할 수 있는 다양한 전문가들이 있어야 친환경정책을 성공시킬 수 있다.

셋째는 적시성(just in time)이다. 친환경시대의 친환경정책은 변화속도가 빠를 수 있다. 정책의 수혜자가 다양하기 때문에 이쪽에서 도움이 되는 정책은 다른 곳에서는 당장 필요하지 않을 수 있다. 따라서 적정한 시간에 맞춰 시의적절하게 정책이 필요한 사람과 장소에 해당 정책이 공급되어야 한다. 제 아무리 뛰어나고 훌륭한 정책이라 하더라도 '바로 이때 여기에서' 필요하지 않으면 소용이 없게 된다.

진정 21세기에서의 도시 관리와 환경이 함께 공존하기 위해서는 다음과 같은 패러다임을 설정할 수 있다. 첫째는 지속가능성(sustainability)을 담보하는 도시 관리다. 환경은 오늘과 후세들이 지속적으로 활용해야 하는 생태공간의 특성을 지닌다. 이런 관점에서 환경은 도시의 지속가능성을 담보하는 보전공간으로 재정립될 필요가 있다. 도시가 필요로 하는 녹지 총량을 설정하고 도시별 녹지총량의 허용한도 내에서만 도시녹지를 사용하고 나머지는 남겨두는 방안이 요구된다. 또한 개발 사업에 따른 훼손녹지의 보전 및 복원을 위한 대체녹지 지정제도의 도입, 수혜자 부담방식에 의한 환경 관리 재원 마련, 보전을 위한 적극적인 토지매수 등을 검토해야 한다.

둘째는 친환경성(pro-environmentalism)을 유지하는 도시 관리다. 세계적 추세로나 우리나라의 도시 관리의 흐름으로나 도시정책에서의 친환경적 패러다임은 가장 핵심적인 철학으로 자리매김했다고 평가된다. 환경이 도시 쾌적성을 증진시키고 여가기능을 제공하는 공간이 되도록 장기적인 관점에서 엄격한 보전체계의 확립이 요구된다. 광역 및 도시녹지축 등 생태녹지축을 설정하여 이를 철저하게 보전하는 녹지보전 수단이 필요하다. 환경 조정을 최소화하고, 총체적인 도시단위 환경성 평가 결과를 토대로 환경을 조정하는 원칙을 세워야 한다. 이제는 종래의 녹색정책에서 한발 더 나아가 실천 가능한 푸른 환경정책으로 발전할 시점이 되었다고 판단한다.

셋째는 공공적 시민정신(public citizenship)을 공유하는 도시 관리다. 민주화의 핵심은 소통과 합의다. 도시 관리의 궁극적 목적은 시민들의 삶의 질 향상이다. 따라서 도시 관리는 처음부터 끝까지 시민들과 소통하면서 합의를 유도해 나가는 것이 원칙이다. 절대 다수의 국민들은 생태공간인 도시환경의 존속을 희망하고 있다. 그러기 위해선 환경 관리의 필요성에 대한 국민적 공감대 형성이 필요하다. 환경으로 인한 공익목적을 달성하고 장기적인 보전이 가능하도록 사회적 가치와 책임의식 고취 등 국민의식의 전환이 요청된다. 보다 나은 환경과 도시 관리의 공존을 위한 지속적인 사회적 공론화가 요구된다.

넷째는 형평성(equity)을 담보하는 도시 관리다. 국민들은 어디서나 골고루 잘 살아 함께 상생하는 도시와 非도시를 희망한다. 도시인과 非 도시인은 역할을 분담할 수 있다. 도시의 환경보전으로 인해 겪게 되는 非 도시인들의 생활공간 부족, 생활환경 악화, 재산권의 제약, 지역사회의 낙후성 등의 불편과 불이익을 감수한 非 도시인들을 배려할 필요가 있다. 도시 관리의 환경보전을 위해 지난 세월 동안 여러 규제로 재산권을 행사하지 못한 비도시인들에게 적절한 혜택이 돌아가야 함께 살아가는 형평의식을 공유할 수가 있다.

도시에서 환경이 함께 공존하기 위해서는 지속가능하고, 친환경적이며, 보통시민의 삶의 질을 추구할 뿐만 아니라, 형평성을 담보하는 도시 관리여야 한다고 제안한다.

참고문헌

개발제한구역제도 개선협의회, 1998.11.25, 개발제한구역제도 개선방향.

건설교통부 영국 그린벨트조사단, 1998, 영국의 그린벨트 제도, 건설교통부.

건설교통부, 1998. 10, 개발제한구역 제도개선을 위한 설문조사 분석결과요약.

건설교통부, 1999, 개발제한구역 제도개선안 평가연구, 한국토지공사.

건설교통부, 1999, 개발제한구역 제도개선을 위한 환경평가기준연구.

건설교통부, 1999, 개발제한구역 조정을 위한 도시여건 비교분석 연구.

건설교통부, 1999, 광역도시계획 수립지침.

건설교통부, 2000, 도시계획법, 도시개발법, 개발제한구역의 지정 및 관리에 관한 특별
　　조치법; 도시계획법·시행령·시행규칙.

건설교통부, 2001, 국토의 이용 및 계획에 관한 법률안(II): 입법참고자료집.

건설교통부, 2002, 개발제한구역을 활용한 국민임대주택단지 조성계획(안).

건설교통부, 2002, 수도권 광역도시계획(안).

건설교통부, 2003, 국토의계획 및 이용에 관한 법률.

건설교통부, 2006, 개발제한구역 정책 자료집.

경기개발연구원, 1999, 수도권 개발제한구역 조정 및 관리 방안 연구, 경기개발연구원
　　도시지역계획연구부.

경기개발연구원, 1999, 개발제한구역 조정에 따른 광역도시계획 수립을 위한 기초조
　　사, 경기개발연구원.

경기개발연구원, 2007, 개발제한구역의 합리적인 제도개선을 위한 방안연구, 경기도.

경기도, 1999, 경기도 개발제한구역 집단취락 현황자료.

경실련 도시개혁센터, 1997.6.28, 창립기념토론회 논문집.

경실련 도시개혁센터, 1997, 시민의 도시, 한울.

경실련 도시개혁센터, 1999, 도시계획의 새로운 패러다임, 보성각.

경실련 도시개혁센터, 2001, 도시계획의 새로운 패러다임, 개정판, 보성각.

경실련 도시개혁센터, 2007, 시민의 도시를 위한 10년의 발자취: 1997.6 ~ 2007.6.

경실련 도시개혁센터, 2015, 도시계획의 위기와 새로운 도전, 보성각.

계기석, 최 수, 1997, 대도시주변지역 관리방안 연구, 국토개발연구원.

구도완, 1998, "환경 친화적 개발제한구역정책의 방향", 도시연구 4.

국가에너지위원회, 2008, 제1차 국가에너지기본계획(2008~2030).

국무총리실 기후변화대책기획단, 2008, 기후변화대응 종합기본계획.

국토연구원, 1991, "영국 내셔널 트러스트의 도정과 환경보전운동론의 전개; 토지소유
　　에 의한 환경보전 운동론의 성립", 국토연구 120.

국토연구원, 2007, 개발제한구역의 효율적 관리를 위한 시설물 평가지표작성 및 DB
　　구축연구, 건설교통부.

국토해양부, 2009, 저탄소 녹색도시조성을 위한 도시계획수립 지침.

국토해양부, 2011, 개발제한구역 40년: 1971-2011, 한국토지주택공사.

권용우, 1986, "서울주변지역의 교외화에 관한 연구", 서울대학교 박사학위 논문.

권용우, 1994, 수도권과 주택문제, 성신여자대학교 출판부.

권용우, 1998, "수도권 그린벨트의 실태와 대책", 경기 21세기 9-10, 경기 개발연구원.

권용우, 1998, "수도권 녹지관리방안에 관한 연구", 한국도시지리학회지 1(1).

권용우, 1999, "우리나라 그린벨트의 친환경적 패러다임", 지리학연구 33(1).

권용우, 1999, "대도시권 설정의 필요성과 기준에 관한 연구", 지리학연구 33(4).

권용우, 1999, "우리나라 그린벨트에 관한 쟁점연구", 한국도시지리학회지 2(1).

권용우, 1999, 수도권연구, 한울 아카데미.

권용우, 2000, "광역도시권 설정의 필요성과 방향", 도시문제 6.

권용우, 2000, "수도권의 신도시와 광역도시계획", 수도권 신도시 개발에 대한 정책토
　　론회 자료집.

권용우, 2000, 수도권 광역도시권 대안 설정 연구, 서울시정개발연구원.

권용우, 2001, "수도권 광역도시권의 설정", 국토계획 36(7).

권용우, 2001, "원칙을 지키는 그린벨트", 도시문제 396.

권용우, 2001, 교외지역: 수도권 교외화의 이론과 실제, 아카넷.

권용우, 2002, 수도권 공간연구, 한울아카데미.

권용우, 2004, "도시개혁과 시민참여: 경실련 도시개혁센터를 중심으로", 한국도시지 리학회지 7(1).

권용우, 2004, "그린벨트 해제 이후의 국토관리정책", 지리학연구 38(3).

권용우, 2004, "그린벨트에 관한 연구동향", 지리학연구 38(4),

권용우, 2021-2024, 세계도시 바로 알기, 1-9권, 박영사.

권용우, 박양호, 유근배, 황기연 외, 2014, 우리국토 좋은 국토, 사회평론.

권용우, 박지희, 2012, "우리나라 개발제한구역의 변천단계에 관한 연구", 국토지리학 회지 46(3).

권용우, 변병설, 2004, "99년 이후 그린벨트 해제 과정에서의 문제점", 그린 벨트와 임 대주택에 관한 토론회

권용우, 변병설·박성혜·나혜영, 2005, "그린벨트에 관한 연구동향", 지리학연구 38(4).

권용우, 변병설, 이재준, 박지희, 2013, 그린벨트: 개발제한구역 연구, 박영사.

권용우, 유환종, 이자원, 1998, 수도권연구, 한울 아카데미.

권용우, 이창수, 변병설, 이재준, 2006, "개발제한구역의 환경보전을 위한 토지매입 기 준에 관한 연구", 국토계획 41(2), 대한국토·도시계획학회.

권용우 외, 1998-2016, 도시의 이해, 1-5판, 박영사.

권용우 외, 2000, 광역도시권 성정기준 연구, 국토연구원.

권용우 외, 2005, "친환경적 도시 구현을 위한 개발제한구역의 공영토지매입에 관한 연 구", 지리학연구 39(4).

권용우 외, 2005, 개발제한구역의 친환경적 관리를 위한 공영토지매입에 관한 연구, 한국토지공사.

권용우 외, 2006, "개발제한구역의 환경보존을 위한 토지매입 기준에 관한 연구", 국토계획 41(2), 대한국토·도시계획학회.

권원용, 1985, 광역도시권 관리를 위한 정책연구(I), 국토개발연구원.

권원용, 1997, "그린벨트의 도시 정책적 과제와 개선방향", 그린벨트 백서, 한국토지

행정학회.

그린벨트 시민연대, 1998, 우리나라 그린벨트 정책이 나아가야 할 길.

김갑열, 1998, "도시성장관리에 있어서 그린벨트의 영향", 지역개발연구 6.

김경환, 1998, "그린벨트 제도개선의 필요성과 바람직한 추진방향", 국회 세계화포럼
　　발표문.

김경환, 1998, "그린벨트제도는 왜 바뀌어야 하나? 개발제한구역제도의 평가", 한국부
　　동산분석학회 부동산정책 세미나 발표문.

김경환, 1998, "개발제한구역제도의 평가와 제도개선 쟁점", 주택연구 6(2), 한국주택
　　학회.

김문환, 1997, 문화경제론, 서울대학교 출판부.

김석철, 안건혁, 권용우, 김경환, 장대환, 2013, 서울 창조도시선언, 매일경제.

김선웅 외, 2018, 개발제한구역은 지속가능성 위해 보전이 원칙, 해제 시 기반시설 확
　　보·주택공급 공공성 강화, 서울연구원.

김선웅 외, 2021, 수도권 개발제한구역 50년 정책변천사, 서울연구원.

김선희, 2006, 그린벨트의 친환경적 보전 및 관리를 위한 내셔널트러스트 도입방안연
　　구, 국토연구원.

김성배, 1998, "그린벨트 제도는 어떻게 바뀌어야 하나?", 한국부동산분석학회 발표논문.

김 영, 조재영, 문미경, 2000, "효율적인 도시성장관리를 위한 개발제한구역 접경지역
　　의 관리방안", 경상대학교 생산기술연구소 논문집 제 16권.

김 인, 권용우, 1988, 수도권지역연구, 서울대학교 출판부.

김의원, 1981, "그린벨트의 역사적 의의", 도시문제 3.

김일태, 1986, "개발제한구역 내 토지공유화 방안 연구", 국토계획 45.

김정호, 1995, 한국의 토지이용규제, 개정증보판, 한국경제연구원.

김준환 외, 2015, "지방자치 20년, 개발제한구역 완화정책의 배경과 의미", 도시정보 9
　　월호(통권 402호).

김중은 외, 2017, 도시공간구조를 고려한 개발제한구역 중장기 관리방안 연구, 국토
　　연구원.

김중은 외, 2019, 제한구역 기능 강화를 위한 제도 개선 방안 연구, 국토연구원.

김중은 외, 2021, 개발제한구역 훼손지 복구제도 개선 방안 연구, 국토연구원.

김중은, 이우민, 2021, "전국 개발제한구역 해제 현황(2020년 말 기준)", 월간 국토 7월
　　호(통권 477호).

김중은, 유재성, 이다예, 이우민, 2022, 개발제한구역 집단취락 해제지역의 계획적 관
　　리방안 연구, 국토연구원.

김태복, 1993, "우리나라 그린벨트의 설치배경과 변천과정", 도시문제 298.

김현주, 최진우, 강신겸, 1998, 개발제한구역 보존 및 활용방안, 삼성경제연구소.

대한국토·도시계획학회, 1998, "개발제한구역 조정정책에 대한 전문가 의견 조사결
　　과", 도시정보.

대한국토·도시계획학회 편저, 2004, 서양도시계획사, 보성각.

대한국토·도시계획학회, 1998, 개발제한구역정책 진단; 그린벨트 조정?, 도시정보.

대한국토·도시계획학회, 1999, 국토관리 국민대토론회 발표논문집.

대한국토·도시계획학회, 1999, 흔들리는 개발제한구역 정책과 국토 위기, 도시정보.

류경진, 2021, "개발제한구역 제도의 변천과정", 국토 7(통권 477호).

문창엽, 2002, "개발제한구역 내 집단취락 관리를 위한 취락특성별 유형분류 연구", 대
　　한국토·도시계획학회지 37(7).

박경문 외, 2008, " 국내 슬로시티 발전방안 연구", 지리학연구 42(2), 국토지리학회.

박상규, 2009, 그린벨트 해제가 토지이용변화에 미치는 영향: 남양주시 사례를 중심으
　　로, 서울시립대학교 대학원 박사학위논문.

박재길, 1994, "도농통합시의 계획체계", 자치행정 78, 지방행정연구소.

박지희, 2011, 우리나라 그린벨트의 변천과정에 관한 연구, 성신여자대학교 대학원 박
　　사학위논문.

박희정, 1999, 그린벨트 보전의 편익측정에 관한 연구, 성균관대학교 행정학과 박사
　　학위논문.

배 청, 1998, 영국 그린벨트 배청보고서.

변병설, 2000, 개발제한구역의 친환경적 관리방안, 환경친화적 토지이용 체계 구축,

환경부.

변병설, 2003, "세계의 환경도시 11: 그린웨이(Green Way)의 도시, 미국 데이비스", 도
　시문제 38(421).

변병설, 2005, "지속가능한 생태도시계획", 지리학연구, 39(4), 국토지리학회.

변병설·신희주, 2000, "내셔널 트러스트 운동의 동향과 과제", 한국공간환경 1(2).

서울대학교 환경대학원 40주년 역사서발간위원회, 2015, 우리나라 국토·도시 이야
　기, 보성각.

서울시, 2002, 개발제한구역내 집단취락의 우선해제지역 선정 및 조정방안 연구, 서울
　시, 2017, GB해제 집단취락 지구단위계획 수립기준.

송하승, 2008, "개발이익환수와 손실보상을 위한 용적률거래제 도입방안", 국토 319.

양병이, 1992, "개발제한구역 제도개선에 관한 공청회 지상중계; 개발제한 구역관리개
　선을 위한 방향; 녹지확보의 측면", 국토 135, 국토연구원.

양병이, 1992, "우리나라 그린벨트 관리의 효율화를 위한 방안", 환경논총 30, 서울대
　학교 환경대학원.

양병이, 1993, "도시의 그린벨트", 도시문제 28(298).

양병이, 1997, "개발제한구역제도의 개선방향", 그린벨트백서, 한국토지행정학회.

양병이, 1998, "그린벨트 제도 유지하면서 문제점 보완해야", 나라경제 9.

양병이, 2003, "새 정부의 그린벨트정책 과제", 도시문제 38(411).

영국도시농촌계획학회, 1999, 한국의 개발제한구역 제도개선안에 대한 평가보고서.

유성용, 2006, "그린벨트 내 국민임대주택단지의 합리적 개발방안", 한국주거학회논
　문집 17(1).

이경재, 1997, "비무장지대의 보전과 이용방안", 접경지역지원법 토론회 발표논문.

이상문, 2014."도시환경정책의 방향과 과제", 도시문제 551.

이영환, 2008, "그린벨트 해제에 따른 용도지역의 변화가 지가에 미치는 영향에 관한
　연구", 한국지방자치학회보 20(3).

이외희, 1999, 수도권 인구이동 특성에 관한 연구, 경기개발연구원.

이외희, 2019, 경기도 개발제한구역 이용실태와 관리방안, 경기연구원.

이정전 외, 1998, 우리 나라 그린벨트 정책이 나아가야 할 길, 그린벨트시민연대.

이정전, 1998, "그린벨트 문제에 대한 근원적 해법", 도시연구 4, 한국도시 연구소.

이준구, 신영철, 2000, "그린벨트의 경제적 가치측정- 수도권 그린벨트 보존가치를 중심으로", 자원·환경경제연구 9(4), 한국자원경제학회.

이창수, 1997, "우리나라 수도권 정책의 변화와 과제", 경실련 수도권 워크샵 발표논문.

이창수, 2002, 수도권 광역도시계획(안)의 제반 문제점 및 그 영향, 광역도시 계획에 대한 정책토론회 자료.

이태일, 1982, "서울과 주변지역간의 상호작용에 관한 분석연구", 국토연구 1.

이태일, 1992, "그린벨트의 발전방향", 도시문제 27(280).

임강원 외, 1998, 현 개발제한구역제도의 개선안(시안), 국민회의 개발제한구역 특수 정책기획단.

장세훈, 1999, "한국·영국·일본의 그린벨트 비교 연구", 한국사회학 33(봄호).

정창무, 1998, "미국의 성장관리정책과 그린벨트", 도시과학 논총 24, 서울시립대학교 도시과학연구원.

조재성·권원용 역, 2006, 내일의 전원도시, 한울.

최병선, 1986, "한국도시계획반세기", 한국도시계획반세기세미나 자료집, 서울대학교 환경대학원.

최병선, 1993, "외국의 그린벨트제도", 도시문제 28(298).

최병선, 1996, "우리 도시환경의 문제와 대책", 대한국토·도시계획학회 토론집.

최병선, 1998, "그린벨트제도 개선의 접근방향", 도시정보 6, 대한국토·도시계획학회.

최지훈, 1997, "개발제한구역제도의 문제점과 제논의- 영국의 그린벨트 경계 조정을 둘러싼 중앙과 지방정부간의 갈등을 중심으로", 도시연구 3, 한국도시연구소.

최진호·이종열, 1984, "서울 근교지역 교외화의 성격과 특징", 국토연구 3.

하성규, 1992, 주택정책론, 박영사.

하성규, 1996, "주거권과 삶의 질 개선", 국민복지추진연합 심포지엄발표논문.

한국갤럽, 1998.11, 그린벨트 조정에 대한 국민여론 조사보고서, 5쪽.

한국경제, 1999.1.19. "개발제한구역 전면해제 유보."

한국토지공사, 1997, 분당신도시개발사, 1997.

한국토지공사, 1998, 개발제한구역 집단취락조사.

한국토지공사, 2001, 환경친화적인 택지개발편람.

한국토지주택공사 토지연구원, 2011, 개발제한구역 40년: 1971-2011, 국토해양부.

한선옥, 1997, 그린벨트의 사회적 비용추계, 한국경제연구원.

허재완, 1998, "그린벨트 문제에 대한 근원적 해법", 도시연구 4, 한국도시연구소.

허재완, 1999, "영국의 그린벨트와 우리나라 개발제한구역", 도시문제 370.

허재완, 1999, "한국의 그린벨트 정책에 관한 연구", 산업경영연구 8(2),
중앙대학교 산업경영연구소.

헌법재판소, 1998.12.24, 도시계획법 제 21조에 관한 결정요지 주문.

황기원, 1990, "도시녹지의 확보와 관리 방안", 지방행정 441.

Abbasi, S. A. and Khan, F. I., 2000. *In Greenbelts for Pollution Abatement: Concepts, Design Applications*, Discovery Publishing House, New Delhi.

Bae, C., 1991, *Green Belt and Urban Growth in London, Tokyo and Seoul Metropolitan Regions,* Wye College, University of London, London, UK.

Bell, G., et al., 1999, *Commentary on RDZ Policy Reform in Korea.* Town and Country Planning Association, London.

Brown, D. J. G., Page, S. E., Riolo, R. and Rand, W., 2004. "Agent-Based and Analytical Modeling to Evaluate the Effectiveness of Greenbelts", *Environmental Modeling & Software* 19(12).

Brueckner, J. K., 2000, "Urban Sprawl: Diagnosis and Remedies", *International Regional Science Review* 23(2), 160~171.

Bryant, C. R., et al., 1982, *The City's Countryside*, Longman, London.

Correll, M. R., Lillydahl, J. H. and Singell, L. D., 1978, "The Effects of Greenbelts on the Residential Property Values: Some Findings on the Political Economy of Open Space", *Land Economics* 54(2); 207-217.

DCLG(Department for Communities and Local Government). 2012. *National Planning Policy Framework.* London, UK.

DCLG, 2012, *National Planning Policy Framework,* London, UK.

DCLG. 2015. *Local Planning Authority Green Belt: England 2014/15 Statistical Release.* London. UK.

DCLG. 2016. *Local Planning Authority Green Belt: England 2015/16 Statistical Release.* London, UK.

DCLG. 2017. *Local Planning Authority Green Belt: England 2016/17 Statistical Release.* London, UK.

DCLG. 2017. *Fixing our broken housing market.* London, UK.

DCLG. 2017. *Proposed Changes to NPPF (Dec 2015)- Summary of Consultation Responses.* London, UK.

DLUHC, 2022. *Land use in England.*

DLUHC, 2022-2023, *Local authority green belt statistics for England.*

DLUHC, 2023, *English local authority Green Belt dataset, 2021/2021 boundaries.*

Department of Environment, 1988, *The Green Belt,* Her Majesty's Stationery Office, London.

Department of Environment, 1993, *The Effectiveness of Green Belts,* Her Majesty's Stationery Office, London.

Dimbour, J. P., Dandrieux, A. and Dusserre, G.. 2002. "Reduction of Chlorine concentration by using a greenbelt", *Journal of Loss Prevention in the Process Industrial* 15(5).

Douglass, M. and Friedmann, J. eds., 1998, *Cities for Citizens,* Wiley, New York.

Eeten, M. V. and Roe, E., 2000, "When Fiction Conveys Truth and Authority: The Netherlands Green Heart Planning Controversy", *Journal of the American Planning Association* 66(1).

Elson, M., 1986, *Green Belts: Conflict Mechanism in the Urban Fringe,* Heineman,

London.

Greater London Authority. 2016. *The London Plan*. Greater London Authority.

Grimwood, G. G. 2017. *Green Belt. House of Commons Library Briefing Paper 00934*. House of Commons, London, UK.

Hall, P. and Ward, C., 1998, *Sociable Cities: The Legacy of Ebenezer Howard*, Wiley, Chichester

Howard, E., 1898, *Garden Cities of Tomorrow*, new ed. 1946, Faber, London.

Howard, E., 1902, *Garden Cities of Tomorrow*, new edition edited by Osborn, F.J., 1946, Faber, London. / reprinted by The MIT Press in 1965.

James, T., Cecelia, P., and John F., 1995, "From Greenbelt to Greenways: four Canadian Cases Studies", *Landscape and Urban Planning* 33(1-3).

Kwon, Y. W. and Lee, J. W., 1997, "Residential mobility in the Seoul Metropoltan Region, Korea", *GeoJournal* 43(4), Kluwer Academic Publishers.

Levinson, A., 1997, "Why Oppose TDRs?: Transferable development right can increase overall development", *Regional Science and Urban Economics* 27(3).

Makoto, Y., Kazuhiko, T., Takashi, W., and Shigehiro, Y., 2000, "Beyond Greenbelt and Zoning: A New Planning Concept for the Environment of Asian Mega-Cities", *Landscape and Urban Planning* 47(3-4).

Ministry of Housing, Communities and Local Government. 2014, March 6. *Planning Policy Guidance on Housing and Economic Land Availability Assessment*. London, UK.

Munton, R., 1983, *London's Green Belt: Containment in Practice*, Unwin, London.

Nelson, A. C., 1986, "Using Land Market to Evaluate Urban Containment Programs", *Journal of American Planning Association* 52(2).

Patney, A., 2000. "Saving Lands and Wildlife Corporation and Conservation Groups in Partnership", *Corporate Environmental Strategy* 7(4).

Phillips, J., Goodstein, E., 2000, "Growth management and Housing Prices: the Case of Portland, Oregon", *Contemporary Economic Policy* 18(3).

Roelofs, J., 1996, *Greening Cities*, The Bootstrap Press.

Rogers, D. L. 2002. *In Situ Genetic Conservation of Monterey Pine(Pinus radiata D. Don): information and recommendations,* Genetic Resources Conservation Program Report, No. 26.

Rogers, D. L., 2004. "In Situ Genetic Conservation of Naturally Restricted and Commercially Widespread Species, Ponus Radiata", *Forest Ecology and Management* 197(1-3).

Simon, D. W. and Neil, A., 2003, "Economic Growth, Biodiversity Loss and Conservation Effort", *Journal of Environmental Management* 68(1).

TCPA(Town and Country Planning Association). 1999. *Commentary on Restricted Development Zone(RDZ); Policy Reform in Korea.* London, UK.

The Case of Portland, Oregon. *Contemporary Economic Policy 18(3),* 334–344.

UN, 1996, *The Habitat Agenda,* Habitat II.

Walter, B. and Arkin, L., 1992, *Sustainable Cities*, Eco-Home Media.

Zacharias, J., 1993, "TDR for Design of Urban Districts", *Cities* 10(4).

http://gis.seoul.go.kr

http://greenbelt.org

http://greenhillsohio.org

http://luris.molit.go.kr

http://oclt.molit.go.kr

http://openapi.nsdi.go.kr

http://www.auroville.org

http://www.cambridge.gov.uk/planning/grnbelt.htm

http://www.ci.greenbelt.md.us

http://www.greenbelt.com

http://www.greendale.org

http://www.greens.org

http://www.nationaltrust.or.kr

https://londongreenbeltcouncil.org.uk

https://londongreenbeltcouncil.org.uk/maps

https://map.kakao.com

https://seoulsolution.kr

https://www.jigu.go.kr

https://www.law.go.kr

https://www.molit.go.kr

https://open.eais.go.kr.

https://stat.molit.go.kr.

https://map.naver.com/v5.

색 인

저자 소개

권용우

서울 중·고등학교

서울대학교 문리과대학 지리학과 졸업

서울대학교 대학원 문학박사(도시지리학)

미국 Minnesota대학교/Wisconsin대학교 객원교수

성신여자대학교 사회대 지리학과 교수/명예교수(현재)

성신여자대학교 총장권한대행/대학평의원회 의장

대한지리학회/국토지리학회/한국도시지리학회 회장

국토해양부·환경부 국토환경관리정책조정위원회 위원장

대한민국 저탄소 녹색도시 추진위원회 위원장

국토교통부 중앙도시계획위원회 위원/부위원장

국토교통부 갈등관리심의위원회 위원장

신행정수도 후보지 입지평가위원회 위원장

세종시 도시명칭제정심의소위원회 위원장

국무총리 산하 경제·인문사회연구회 이사

경제정의실천시민연합 도시개혁센터 대표/고문

그린벨트 살리기 국민행동 정책위원장

「세계도시 바로 알기」YouTube 강의교수(현재)

『교외지역』(2001)『수도권공간연구』(2002)『그린벨트』(2013, 2024)

『도시의 이해』(1998, 2002, 2009, 2012, 2016, 전 5판),『도시와 환경』(2015)

『세계도시 바로 알기 1, 2, 3, 4, 5, 6, 7, 8, 9』(2021, 2022, 2023, 2024) 등

저서(공저 포함) 82권/학술논문 152편/연구보고서 55권/기고문 800여 편

그린벨트

초판발행	2024년 5월 8일
지은이	권용우
펴낸이	안종만·안상준
편 집	배근하
기획/마케팅	김한유
표지디자인	BEN STORY
제 작	고철민·조영환
펴낸곳	(주) **박영시**
	서울특별시 금천구 가산디지털2로 53, 210호(가산동, 한라시그마밸리)
	등록 1959.3.11. 제300-1959-1호(倫)
전 화	02)733-6771
f a x	02)736-4818
e-mail	pys@pybook.co.kr
homepage	www.pybook.co.kr
ISBN	979-11-303-2037-3 93530

정 가 23,000원